지구
파괴의
역사

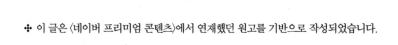
✢ 이 글은 〈네이버 프리미엄 콘텐츠〉에서 연재했던 원고를 기반으로 작성되었습니다.

과학자의
시선으로
본

지구
파괴의
역사

김병민 지음

포르*체

모든 것을 가졌지만,
어느 것도 가지지 못한 인류

영화 장르는 개인마다 호불호가 있다. 물론 미국 할리우드 블록버스터나 슈퍼히어로물 영화에 관심 없는 독자도 있을 것이다. 하지만 적어도 월트 디즈니(Walt Disney)나 마블 스튜디오(Marvel Studio)라는 영화 제작사 이름은 들어봤을 것이다. 영화와 관련된 책도 아닌데 서문에 웬 영화 이야기를 꺼내나 싶겠다. 영화는 거울처럼 우리의 모습을 거짓 없이 보여 주는 것 같아 책의 첫 단추로 꺼낸다.

1923년에 탄생한 월트 디즈니 애니메이션 스튜디오는 100주년을 맞이하는 동안 다른 유명한 영화 제작사 중 하나인 21세기 폭스(21st Century Fox)를 포함한 엔터테인먼트 기업들을 먹어 치웠다. 미키 마우스는 더 이상 작고 귀여운 생쥐가 아니다. 거대 엔터테인먼트 기업이라는 공룡이 됐다. 그사이 세계대전이 2번이나 있었고, 냉전과 경제 공황을 거쳤다. 과학 기술은 눈에 띄게 진보했다. 필름 영화에서 전파 텔레비전시대를 거쳐 인터넷시대를 통과하는 지금에도 이 기업의 식욕은 여전하다. 그런데 이처럼 인수·합병으로 몸집을 불리는 기업은 디즈니뿐만이 아니다.

물론 기업은 살아남고 성장해야 한다. 경제 생태계에서 기업의 역할이 있기 때문이다. 정치경제학자인 애덤 스미스가 그의 저서 《국부론》에서 국가 번영의 본질과 원인에 대해 논하며 '자유 시장'과 '경쟁'을 꺼냈다. 산업혁명과 현대자본주의를 이끈 고전 경제학의 토대에서 등장한 이해관계 집단이 바로 '기업'이다. 기업의 역할은 이익을 남기고 고용을 창출하는 것이고 다시 소비를 촉진한다. 우리는 이 경제 생태계를 학창 시절 사회과목에서 암기했다. 하지만 기업의 목적만 배웠지, 수단과 방법은 배우지 못했다. 기업의 성장으로 개인과 국가 모두 부를 얻을 수 있다는 믿음에서 18세기 이후 3세기 가까운 시간 동안 인류 문명은 수직으로 상승했다. 기업이 살을 찌우는(더는 성장이라는 표현이 싫어서다) 것은 당연했다. 누구도 반론과 질문을 던지지 않는 불문율이었다. 18세기 경제 이론은 저항 없이 지금까지 인류의 모든 행위에 방패막이 됐다.

하지만 결과는 약 3세기 전 그린 그림과 사뭇 다르다. 물론 국가는 부흥했다. 단, 소수의 국가만 그렇다. 게다가 부흥한 국가의 영토 안에 살고 있는 사람 모두가 부를 누리지 못한다. 부의 반대편에는 여전히 고된 삶이 놓여있다. 양극화는 심해지고 그 간격은 뛰어넘기 어려울 정도로 벌어져 있다. 20세기에 들어서며 지각에 남은 자원을 퍼 올릴 수 있는 데까지 퍼 올렸다. 자원을 마음껏 쓰기 위해 권력자는 각종 규제를 해체했다. 자원에 접근할 수 있는 최소한의 한계를 무시한 규제 해체와 감세 정책으로 고소득층과 대기업에 혜택이 돌아갔다. 사람들 눈을 가린 건 낙수효과(Trickle-Down Effect)였다. 소비와 투자가 확대돼 경기가 활성화되면 그 혜택이 저소득층과 중소기업에도 돌아간다고 하는 이론으로, 이 역시 애덤 스미스가 주장한 '자유방임주의'의 한 이론이다.

시장에 맡긴 방임주의는 이후 1980년대 신자유주의를 표방한 영국과 미국에서 대처리즘과 레이거니즘으로 확대·재생산됐다. 1981년 미국 대통령에 당선된 로널드 레이건의 레이거니즘은 고소득자 감세, 기업 규제 완화, 정부지출을 축소했다. 이런 기조는 결국 도널드 트럼프 행정부까지 이어졌다. 그리고 그들의 실체와 오류, 그리고 민낯(솔직히 속셈이라 말하고 싶다)은 팬데믹의 등장으로 만천하에 드러났다. 위대하다고 자부하는 미국 공화당 행정부 경제정책의 기본 신념에 숨어 있던 모든 사람과 세상의 이익을 공유하지 않겠다는 의도가 있었고 속살을 드러냈다.

마블 시리즈는 원작이 있으며, 히어로마다 각각의 단편으로 이루어져 있다. 상업적 영화의 속성상 앞뒤 맥락을 알지 못해도 충분히 감상할 수 있다. 그런데 잘 들여다보면 각각의 에피소드 역시 그들만의 거대한 세계관으로 연결됐다. 그리고 사회 현상이나 불합리를 반영한다. 예술과 문학이 사회의 반동이라는 성질만은 그 척박한 땅에서도 아직 훼손되지 않은 모양이다. 그 와중에도 여전히 세계를 구원하는 건 결국 위대한 미국이라는 이념을 짙게 깔고 있었다. 그런데 최근 마블 영화의 세계관이 확실히 바뀌었다. 물론 그 뒤에는 자본을 끌어들이기 위한 숨길 수 없는 그물이 있지만, 확실히 인종과 성, 장애 차별 등 소수자나 약자의 인권에 대해 시선을 돌리고 있다. 유색인은 히어로가 될 수 없다는 그들만의 불문율을 스스로 깼다. 남성 우월적인 히어로의 모습도 점차 희석되고 있다.

대부분의 픽션 속 세계관은 관객 입장에서 보면 허구이다. 하지만 적어도 작품 내 세계관에서만큼은 그 안에서 벌어지는 일들이 현실이라고 가정한다. 세계관 내의 캐릭터들도 자신이 사는 세상이 현실이라고 믿고 있다. 그리고 픽션과 현실 사이의 관계에 대한 질문이나 모순을 제기하며 아이러니와 자아 성찰을 유도한다. 그래서 등장인물 대부분이 시대적 균열과 모순에서 탄생한 인물이고, 실제 세상과 연결된 사회 현상과 과학적 배경의 옷을 입었다. 고대 신화부터 과학의 변곡점, 사회적 특이점에 맞춘 인물들은 마치 세상을 구원하는 것처럼 멋지게 등장한다.

종국에는 〈엔드 게임〉이라는 영화에서 타노스라는 빌런을 등장시킨다. 그의 실질적 목적은 우주의 정복이 아니었다. 자신은 물론 우주 전체의 생명체 절반을 사라지게 하는 것이 목적이었다. 멸망을 필사적으로 막아내려고 히어로들이 애를 쓰지만, 결국 타노스의 승리로 끝난다. 전 우주에서 생명체의 절반이 소멸한다.

영화를 본 많은 이가 불편한 진실을 떠올렸을 것이다. 타노스가 악당임에도 악당 같지 않고, 오히려 수많은 히어로들을 지구를 망친 주범의 대변인 격으로 뒤바꾼 진실 말이다. 지금의 거대한 질문과 모순을 가상에 역으로 대입한 것이다. 결국 모든 것을 망치는 데는 일가견이 있는 인류, 그리고 망가뜨리는 힘의 배경에는 과학도 한몫을 했다. 다만 과학은 세상을 올바르게 바라보게 하는 과정이지 힘과 권력이 아니었다. 그 과정에서 욕망에 눈이 멀어 제대로 통제하지 못하는 인류에 의해 과학은 파괴의 도구로 사용됐다. 더 엉망이 되기 전에 반성과 자숙의 기회를 만들려고 한 인물이 타노스이다. 누가 영웅이고 악당인지 혼동되는 지점에서 누구든 마음 한편에서는 타노스가 옳을지도 모른다는 생각으로 응원하고 있었을 것이다.

사실 인류는 세상과 자연, 우주라는 거대한 연극 무대에서 거의 마지막에 등장해 아직 퇴장하지 않는 인물에 불과하다. 인류가 처음 등장했을 때는 그나마 아름다웠다. 신화에서 인류는 동물과 자연과 일치했다. 모두 소중한 생명체였고, 심지어 무생물에도 생명력을 불어넣어 모든 것들이 아우러져 세상을 만들었다. 굴러다니는 돌멩이 하나에도 이름이 있었고 집에서 키우는 가축에게도 이름을 붙였다. 인류가 세상의 작동 방식에 대해 어설프게 이해하기 시작하면서, 그 지식을 쥔 자가 권력을 잡고 세상을 지배하기 시작했다. 공생했던 생명체는 물질로 격하됐고 일종의 소유물로 사육됐으며, 상위 포식자의 식량으로 제공된다. 이제 그들에게 이름은 없다. 그저 무게와 질로 부여된 숫자와 알파벳뿐이다. 인류의 서식지가 점점 넓어지며 대지는 인류를 위해 개발됐다. 공존하는 생명체가 살아야 하는 삶의 터전은 점점 좁아졌다. 인류는 일상에서 나온 쓰레기 같은 존재를 눈앞에서 치워 버렸다. 사라진 게 아니라 치운 것이다. 우리의 몸이 깨끗해진 만큼 다른 곳이 더러워졌다.

환경은 당연히 파괴되기 시작했다. 질병은 동물의 몸을 타고 인간으로 옮겨졌고, 기후는 요동치고 있다. 우리가 믿었던, 개발, 효율, 성장, 성공 같은 행위는 모두 파괴 위에 건설된 것들이다. 특히 냉전이 끝나자마자 신자유주의라는 이름 하에 보존을 염두에 둔 적이 없고 파괴만 경험한 세대가 바로 인류세에 살고 있는 현 인류이다. 과학적으로 보면 지구에서 공존하는 다른 생명체와 유전학적으로 크게 다를 바가 없다. 하지만 사회적·정치적 지배 논리에서 보면 어마한 권력을 가지고 있는 셈이다. 그들의 생명을 좌지우지할 권리를 자연의 보편적 법칙에서 차용했다. 바로 약육강식이다. 강한 자가 최종 포식자가 되는 섭리다. 강하기 위해 인류는 고군분투했고 과학은 그 권력 획득의 변곡점마다 존재했다. 종교 역시 거대한 합의에 이용했다. 설사 그게 자연의 섭리라 치자. 하지만 가장 중요한 것을 배우지 못했다. 배가 부르면 더 이상 약자를 건드리지 않는다는 유전자에 박힌 법칙을 무시했다. 미친듯이 먹어도 인류의 허기는 좀처럼 채워지지 않았다. 데메테르의 저주를 받고 스스로의 손발까지 먹는 에리식톤의 모습이 현대의 인류와 겹쳐 보인다.

성장과 개발은 기후 변화는 물론 질병을 탄생시켰고, 지금까지 인류가 옳다고 믿고 있었던 것들이 틀렸을지도 모른다는 것을 말해 줬다. 유례 없던 팬데믹을 마주하자 대부분 국가의 정부는 막대한 돈을 풀었다. 낙수효과의 반대는 분수효과(Trickle-Up Effect)이다. 팬데믹으로 우리는 강력한 정부의 힘을 잠시 맛봤다. 말 그대로 매력적인 분수효과를 스치듯 체험한 것이다. 기본소득(UBI, Universal Basic Income)은 신기후체제에서 중요한 항목이다.

그들도 영국의 경제학자인 존 메이너드 케인스의 불황 극복 방법론인 민간 소비 확대를 알고 있었다. 엄청나게 시장에 풀어 댄 돈은 순환하지 않으면 결국 인플레이션을 초래한다. 시장을 제대로 통제하지 않고 분수효과의 맛만 보게 했기 때문이다. 과도한 인플레이션 현상을 방지하기 위해 정부는 돈을 회수해야 한다. 하지만 그 돈들은 정부에게 돌아오지 않았고, 고스란히 기업과 부유층의 배만 불렸다. 정부의 세수 결손은 법인세, 누진소득세, 주택 보유세 등 부유세 증대로 이어져야 했다. 다시 메워져 조달된 재원은 소액 융자, 각종 생활 요금 감면, 주택 지원 등 복지정책에 사용해야 했다.

하지만 여전히 교훈은 없어 보인다. 신기후체제에서 가장 부유한 나라 미국이 기후 협약을 탈퇴했다. 이제 대놓고 공동체의 삶을 인정하지 않겠다고 선언한 것이다. 그들에게 지금까지 과학은 권력의 도구였다. 이 모든 것은 하루아침에 벌어지지 않았다. 그렇다고 수만 년에 걸쳐 진행된 것도 아니다. 우리가 그토록 찬란하다고 이름 붙인 그리스·로마와 르네상스시대, 인류에게 있어 가장 아름다웠다고 생각했던 벨에포크시대를 거쳤다. 그렇게 지속적인 문명 발전과 함께 욕망과 이기심도 암처럼 동시에 자라고 있었다. 많은 것들이 발전하면서 우리는 편리함과 포만감을 느끼게 됐다. 결핍은 이미 사라졌고, 지금은 풍요를 넘은 잉여의 시대다. 그런데도 여전히 갈증을 느끼며, 이를 더 채우려 한다.

파괴는 바로 이 지점에서 일어난다. 파괴된 것의 복구에 과학이 해결하면 된다고 한다. 망치는 데 도움을 준 것도 과학이지만, 마치 과학이 모든 것을 해결하려는 듯 달려드는 것은 욕심이다. 과학은 그저 수단이고 과정이며 설명일 뿐이다. 그리고 지금 최악으로 치닫는 시대의 담론은 과학으로 설명되지 않으면 이해할 수가 없기 때문에 과학을 알아야 한다고 말할 뿐이다. 아무리 과학의 언어가 수학이라지만, 숫자로 결론을 끌어내서는 안 된다. 방사능 오염수를 바다에 버리면 안 된다는 사실을 과학이 말하는 숫자로 덮으면 안 된다. 과학이 아니라 사람의 정도(正道)로 해결해야 한다. 다른 생명체가 사는 삶의 터전에 사람의 안전 기준이 되는 숫자를 꺼낸다고 용인될 일이 아니다. 솔직히 말하면 사람은 더 이상 아무것도 하면 안 될 것 같은 생각이 든다. 모든 것을 멈추고 자연적으로 치유하는 것이 더 빠를 수도 있겠다는 생각이다.

질서의 재편이 필요한 지점에서 우리는 또다시 변곡점을 맞이한다. 거대언어 모델을 기반으로 한 생성형 AI의 혁명적인 등장이다. 모두가 안 된다고 하는 지점에서 혁명은 늘 일어난다. 관성으로 게으르게 살아가는 게 인간의 본성이다. 그래서 개혁은 혁명보다 항상 어렵다. 삶의 습관, 고집스러운 문명을 바꾸는 건 언제나 혁명처럼 다가온다. 그리고 사람들은 언제 그랬냐는 듯 변화에 익숙해진다. 타자기, 열기관과 운송 수단, 화석연료, 플라스틱, 반도체와 디스플레이, 휴대전화, 그리고 AI의 등장은 문명을 혁명처럼 바꿔 놨다. 그 중심엔 늘 과학이 있었다.

물론 사람이 아닌 자연이 문명 변화의 유발자인 경우도 있다. 미생물, 즉 질병이 그렇다. 인류는 늘 위대함을 증명해 내듯 새로운 것을 만들어 내고 적응하여 인류의 위협을 극복했다. 위기를 극복하며 인류의 자존감은 더욱 높아졌다. 가령 알파고가 등장했던 시절을 떠올려 보자. 비록 인간이 게임에서 졌지만, 딥러닝 알고리즘의 한계를 지적하며 인간의 우수성을 더욱 강조했다. 자존감을 지켜내려 했다.

최근 등장한 생성형 AI혁명은 보수적인 사람들의 생각마저 바꿨다. AI를 열등한 기계로만 취급하던 이들도 개심한 듯 최근의 AI를 찬양한다. 물론 부정하는 이들도 여전히 존재한다. 사실 알파고의 등장 시기와 비교했을 때, 알고리즘이 크게 달라진 건 없다. 그저 파라미터의 수, 학습의 범위가 늘어난 것뿐이다. 거기엔 연산 능력의 척도인 하드웨어가 우수해진 덕분이다. 그런데도 인간은 여전히 우수하다. AI는 인간이 따라잡을 수 없는 연산 능력을 갖추고 있지만 그래도 이런 요란한 물건의 창조주이지 않은가. 세상은 이렇게 또 격변을 겪는다. 새로운 기술 덕에 소멸하는 것이 생겨나고, 새로운 것들이 탄생한다. 탄생과 파괴가 동시에 일어난다. 타자기의 등장으로 필사가는 사라졌고, 열기관의 등장으로 마부와 수공업이 사라졌다. 우리는 스스로의 필요성이 소멸하는 것을 걱정하면서도 새로운 인간의 역할을 기대한다. 여전히 자존심을 지켜야 하기 때문이다. 그런데 이번엔 자존심을 지키는 것이 만만찮아 보인다.

생성형 AI는 마치 모든 것을 해결하는 듯 보이지만, 그 안에는 숨겨진 것들이 있다. 아직은 하는 일에 비해 엄청난 에너지가 들어간다. 효율로만 따지면 꽤 비효율적인 기계이다. 에너지 등급으로 따지면 누구도 가전으로 들이고 싶지 않을 만큼 에너지를 많이 사용한다. 몇 마디 문장을 만드는 데 몇 달러가 들 정도로 많은 전력이 소모된다. 그러니까 우리는 쉽게 답을 얻기 위해 동시에 파괴를 하는 셈이다. 거기에 비하면 사람만큼 효율적인 엔진도 없다.

내가 이 책을 쓰게 된 이유는 단 한 가지다. 인류 역사의 발자취에 새겨진 과학으로 우리가 미래를 위해 지금 어떤 고민을 해야 할지 살펴보고 싶었기 때문이다. 현재 직면한 문제는 과학이 해결하는 것이 아니라, 과학적 사고가 해결할 수 있다.

요즘 기업들은 ESG를 선언하며 지속 가능성에 대한 면죄부를 얻는 듯하다. 과연 누구를 위한 ESG일까. 여전히 그 화살의 끝은 나를 향한 것은 아닐까. ESG에만 머물 것이 아니다. 기업이 수익 창출 이후에 사회 공헌 활동을 하는 것이 아니라 기업 활동 자체가 사회적 가치를 창출하며 동시에 경제적 수익을 추구해야 한다. 하버드대 경영학과 마이클 유진 포터 교수가 2011년 《하버드 비즈니스 리뷰》에서 CSV(Creating Shared Value)이라는 개념을 발표하며 공동체의 상호 의존적 번영이라는 관점을 제시했다. 이성과 감성을 지나 영혼을 들여다봐야 하는 지점인 것이다.

우리는 자기 영혼을 온전히 본 적이 있을까? 물론 자신을 볼 수 있는 방법은 많다. 하지만 인류가 전신 거울로 자신의 걸

모습을 보게 된 것도 얼마 안 되었다. 지금은 어떤가. 과학 기술이 엄청나게 발전해 자신의 외형은 물론 몸속의 세포 하나까지도 들여다보는 세상이다. 그렇다면 우리는 자기 자신에 대해 잘 보고, 또 잘 알고 있는 게 맞을까? 우리의 영혼을 점점 안쪽으로 숨기고 있는 건 아닐까.

사회관계, 인간관계가 물리적 범위를 넘어 추상적인 공간과 같은 장소에서 겹치고 있다. 사회관계망 서비스로 얽히며 위로를 받지만, 동시에 우리는 불편함을 느낀다. 1년에 몇 번 만날 일이 없는 사람에게서, 아니 평생 만날 일 없는 사람으로부터 고통을 받는다. 우리는 진정한 자기 모습을 세상에 보여주고 있는 게 맞을까. 나는 그렇다고 생각하지 않는다. 타인을 의식한 채 가상의 나를 만들어 밖으로 꺼낸다. 아무리 잘나도 또 어딘가에서 그보다 잘난 사람이 나타난다. 겉모습만 보고 누군가와 비교하고 판단하며, 스스로 사랑하기 어려운 환경이 됐다. 자신을 사랑하지 못하는데 어떻게 타인과 주변을 사랑할 수 있을까. 얼마나 멍청한 일인가. 심지어 스스로 월등하다고 자부하는 생명체에게서 벌어지는 일들이다. 모든 것을 가졌지만, 어느 것도 가지지 못한 것이나 다름없다.

우리가 타인에게 혹은 다른 생명에게, 그리고 자연에 겸손했던 적이 있을까. 월등한 지능을 보유했다고 파괴할 권리까지 부여된 게 맞는 걸까? 인류 스스로 자신에게 솔직해져 보는 건 어떨까. 왜 멈추지 않고 앞으로만 달려가고 있느냐고, 당신

은 안녕하냐고, 당신은 행복하냐고, 가고 있는 그 길이 맞는 거
냐고. 나는 이 질문의 답을 얻기 위해 그동안 인류가 했던 일을
기록했다. 물론 내가 화학을 공부했기에 화학에 관련된 이야기
가 많다. 모든 파괴의 역사를 기록하지는 못했지만, 중요하게
다뤄야 할 내용은 최대한 담고자 노력했다. 쉬엄쉬엄 쓴 글이
어느덧 책 한 권 분량이 된 것에 놀랐다. 한 세기 후 인류의 일
기에는 어떤 글이 쓰이게 될까. 나도 모르겠다. 내가 알 수 있
는 건 현재뿐이기에, 짧게나마 오늘의 기록을 남겨 본다.

날짜: 2023년 7월 1일 토요일
날씨: 기후 변화로 한반도 전역에 폭염과 폭우, 특히 중남부지방은
　　　폭우로 안타까운 생명들이 목숨을 잃었다. 주변국인
　　　중국과 일본에서는 사망자가 다수 발생할 정도의 폭우가
　　　발생했다.

목차

충돌

우리가 자연에서 발견한 것들

✣

3장

파괴

우리가 자연에서 가져간 것들

❖

✥

공생

우 리 가

자 연 을 위 해

해 야 할

것 들

지속 가능한 문명

얼마 전, 통영에 있는 박경리 기념관을 방문했다. 박경리는 자연에 관해 남다른 시선을 지닌 작가다. 그녀는 많은 사람들이 문화와 그 부산물인 문명을 서로 혼동해 정신적인 영역이 아닌 물질적인 것만을 추구한다고 말했다. 또한 흙 한 줌, 나무 한 그루도 생명이며 나와 같은 것으로 보아야 한다고 했다. 자연은 사람의 감성과 인성을 풍요롭게 하고 길러 주는 교사다. 그런데 지금의 자연은 그저 정복 대상이고, 그에 도전해서 승리하는 것이 인류의 목적이 됐다. 오늘날 자연은 더 이상 생명이 아닌, 인간을 위해 존재하는 물질일 뿐이다.

측물의 대상 중 인류 문화를 관통하는 것이 바로 커피다. 커피는 정치와 경제, 환경 및 생태계, 심지어 과학까지 관통하는 맥락에 놓여 있다. 커피의 원산지는 아프리카지만 현재 최대 커피 생산국은 브라질이다. 남아메리카에 속한 멕시코와 콜롬비아를 포함하면 전 세계 공급량의 40%를 차지한다. 최초

원산지인 예멘이나 에티오피아가 차지하는 생산 비율은 4%에 불과하다. 현재의 주요 생산지에는 공통점이 있는데, 그건 바로 제국주의 국가의 식민지들이라는 점이다.

커피의 최초 원산지가 예멘이 아닌 에티오피아라는 사실을 밝히는 것에는 역사학과 과학이 동원되었다. 역사학자들은 문헌을 뒤졌고, 과학자들은 현미경으로 긴 핵산의 가닥을 찾아냈다. 예멘을 포함한 주변국인 이슬람 권역에는 9세기쯤부터 커피에 대한 기록이 남아있다. 불행하게도 에티오피아는 기록이 아닌 구전으로 전해져 원조라고 주장할 증거가 불충분했다. 이 기록을 뒤집은 것이 과학이다. 과학은 측정의 역사다. 측정과 분석의 정밀도가 역사를 바꾸기도 한다. 왓슨과 클라크가 유전자 구조를 알아낸 20세기 중반이 지나며 커피의 최초 원산지가 에티오피아였다는 것이 밝혀졌다.

잊지 말아야 할 것은 모든 것에 기원이 있다는 사실이다. 커피라는 문명의 기원을 밝히는 과정에서 인류 문명의 기원을 되새길 수 있었다. 인류는 이동하고 정착하며 집단화와 사회화가 진행되었지만, 이러한 귀중한 가치를 점차 잊고 있다. 민족이라는 이름으로 서로 적대적인 태도를 보인다.

인류를 본격적으로 파편화시킨 사건은 콜롬버스가 신대륙을 발견했을 때부터다. 신대륙 발견은 확장이라기보다 거리의 한계를 극복한 사건이다. 대항해시대가 열리며 제국주의는 자신의 영토를 넓혔고 대륙은 판게아처럼 봉합됐다. 대지는 더 이상 원래 살고 있는 사람들의 땅이 아니게 되었다. 인류는 자본의 생성이라는 명분으로 더 많은, 더 적합한 대지를 필요로 했다. 마치 달에 누가 먼저 가느냐 경쟁하는 것처럼 정복과 확장에 걸리적거리는 것들은 정복자들에 의해 짓밟혔다.

막강한 무역과 함께 아랍 문명을 고스란히 흡수한 네덜란드도 정복자의 대열에 끼어들었다. 1616년, 네덜란드 상인 피터 반 데어 브뢰케가 예멘에서 커피 묘목을 훔쳐 왔다. 그리고 암스테르담 식물원의 온실에 이식하는 데 성공했다. 하지만 예멘과 네덜란드의 기후는 차이가 있다. 서안해양성 기후에서 커피 나무가 제대로 열매를 맺기 어렵다는 것은 그들도 잘 알고 있었다. 아마존의 고무 나무이자 말라리아 치료제인 기나 나무 역시 마찬가지다. 대부분 유럽으로 들여와 이식한 후 경작이 가능한 기후 지대로 확장한 것이다.

네덜란드는 정부가 발 벗고 나서며 1658년 포르투갈로부터 빼앗은 실론섬(현재 스리랑카)에서 시험 재배를 거쳤다. 1696년 식민지였던 인도네시아 자바섬에 커피 농장을 설립했다. 이를 시작으로 수마트라와 티모르 지역 등 우리에게 익숙한 이름의 커피 산지들을 식민지로 만들며 커피 플랜테이션을 조성했다. 네덜란드 상인들은 유럽 국가들을 대상으로 시장을 넓혀 갔다. 정치적 목적으로 프랑스의 루이 14세에게 선물한 커피 묘목은 그들의 식민지인 아메리카 대륙에 옮겨졌으며, 커피 산업을 꽃피우게 한 초석이 된다. 브라질의 커피 역사는 이로부터 한 세기 뒤에 시작한다.

＊ ＊ ＊

모든 정복의 이야기에는 약탈과 속임수가 있다. 물론 정복자의 입장에서는 영웅적 행위이고 피정복자의 입장에서는 상대가 도둑이자 사기꾼이다. 남아메리카 북부에 위치한 국가인 가이아나 지역은 1498년 콜럼버스에 의해 발견됐고 17세기 초 네덜란드령이었다. 이후 제국 국가들이 차례로 연착륙했다. 현재 이 지역 서쪽에 있는 가이아나는 영국령에서 독립한 국가이다. 남쪽으로는 수리남이 있다. 동쪽 지역은 아직 프랑스에서 독립하지 못한 레지옹이다. 수리남은 가이아나의 네덜란드령에서 독립한 국가다. 남쪽에 브라질이 있고, 북쪽으로 카리브해가 있다. 당시 네덜란드와 프랑스는 이 지역에서 국경 분쟁을 벌였다. 두 국가가 브라질에 중재를 요청했고, 브라질은 흔쾌히 수락했다. 하지만 여기에는 다른 뜻이 있었다.

브라질은 커피 콩과 묘목을 구하고 있었다. 이들은 북쪽 가이아나에서 두 정복자가 커피를 재배한다는 사실을 알고 있었다. 그래서 1727년에 프란치스코 드 멜로 팔헤타가 이 분쟁의 중재자로 나섰다. 당시 프랑스는 커피 나무의 국외 수출을 엄격하게 통제하고 있던 터라 그는 가이아나 총독의 아내에게 접근했다. 팔헤타는 그녀와 사랑을 나눌 때마다 자신이 커피를 좋아한다는 것을 은연중에 각인시켰다. 이후 본국으로 귀환하는 팔혜타에게 총독 부인은 공식 석상에서 꽃다발을 선물한다. 그 속에는 커피 씨앗이 한 줌 숨겨져 있었다. 팔혜타는 자신의 고향인 브라질 파라 지역에 이 씨앗을 심어 커피 재배를 시작했다.

18세기 후반에 들며 나폴레옹의 대륙봉쇄령이 포르투갈에도 영향을 끼쳤고, 포르투갈 왕족이 그들의 식민지인 브라질로 망명한다. 농업과 무역, 산업이 발전하면서 커피 재배가 대규모 농원 방식으로 시작된다. 기온이 일정하고 건조한 기후인 리우데자네이루 지역은 커피를 경작하기에 최적이었고, 이후 재배 농원을 상파울루 고원까지 확장한다. 당시 사탕수수 플랜테이션이 발달하며 설탕 가격의 하락으로 커피 재배에 힘을 실어 준 배경도 이에 한몫했다. 결국 1850년, 브라질은 자바를 넘어 세계 최대 커피 생산국이 됐다.

우리는 문명(文明)과 문화(文化)를 혼동한다. 문명은 말 그대로 자연의 원시 생활에 비교하여 상대적으로 발전하고 세련된 삶을 잉태하는 것이다. 어둠에서 빛이 있는 공간으로 더 선명해지는 의미이다. 문화는 문명의 과정에서 사회적 행위로 인해 얻는 행동 양식이나 그 과정에서 만들어 낸 물질적, 정신적 소득이다. 언어를 포함해 학문과 예술, 종교, 풍습이나 제도 등을 포괄하는 광범위한 개념이다. 커피는 문명에 의해 확산됐고, 문화 발전의 촉매 역할을 했다.

정리해 보면 커피 생산은 기술에 가깝고, 커피를 어떤 식으로 소화해 내느냐가 문화인 셈이다. 가령 커피를 즐기는 방식만 해도 백 가지가 넘는다. 대표적인 예를 들어 보자. 커피를 냉수를 통해 조금씩 내려 받는 '콜드브루'라는 방식은 '더치 커피'로 불리는데, 그 이름은 네덜란드를 떠올리게 한다. 정복자들에 의해 세워진 문명이 문화를 창조하는 셈이다. 그리고 문화의 발전으로 새로운 문명이 창조되기도 한다. 가령 과학 기술같은 것들이 선명한 문명의 산물이다.

＊ ＊ ＊

과거에는 모든 것이 정복 국가와 식민 국가, 귀족과 노예, 대륙과 국가라는 분명한 선으로 이분화되어 구별됐다. 물론 지금도 그 잔재가 남아 있지만, 당시의 선명한 선은 흐려졌다. 글로벌이라는 단어는 전 세계의 국경을 무너뜨렸으며, 인류 전체를 성장시키자는 구호를 선언했다. 하지만 여전히 과거의 이분법이 존재한다. 고용은 효율이라는 이름 하에 간접적이고 임시적인 자원으로 변했고, 다국적 기업은 성장을 위해 수단과 방법을 가리지 않고 자연과 노동력을 착취한다. 공정 무역, 지속 가능이라는 포장 뒤에 교묘하게 숨겨놨다. 과거의 난폭한 정복자가 사라진 듯 보이지만, 이런 문명의 구조 속에 숨어 있었다. 기후 위기와 질병이 등장하고 신기후체제에 들어서며 그들은 인류 전체의 성장을 포기하고 '공존'의 이데올로기를 해체했다. 이젠 어느 누구도 글로벌이란 용어를 사용하지 않는다. 오히려 과거의 민족주의, 혹은 강한 국가와 정부를 강조한다. 기업도 지속 가능하다는 구호를 선언하고 약자인 우리 편에 서 있는 듯 보이지만, 자본은 여전히 거대한 구조 속에 숨어 있다. 심지어 약자들조차 그 반대의 세계를 동경한다. 우리가 속해 있는 위치도 스스로 인지하지 못하게 만들었다. 커피의 세계에도 이런 일은 현재진행형이다.

세상에서 가장 비싼 각성제

대한민국은 커피 공화국이란 별명이 붙을 정도로 대부분의 사람이 커피를 즐긴다. 어디를 가나 한 집 건너 카페가 있다. 소비량만 해도 미국과 중국에 이어 세계 3위다. 커피 애호가들의 고민은 비슷하다. 유명한 카페의 커피는 어지간한 밥값에 달하는데, 저렴한 인스턴트 커피는 커피 본연의 맛을 느끼기에 다소 깊이가 부족하다. 아이러니하게도 문명이 발전하고 잘살게 됐음에도 여유는 점점 찾을 수가 없고, 삶의 질은 나빠진다. 바쁜 일과 속에서는 원두를 직접 갈아 커피를 내리는 여유를 갖는 일도 쉽지 않다.

캡슐 커피는 이런 고민에서 탄생했으며, 사람들의 욕구를 빠르게 채워 줬다. 매장 커피 가격의 절반에도 미치지 않는 비용으로 에스프레소는 물론 다양한 맛과 종류의 커피를 즐길 수 있게 됐다. 편의는 물론 품격마저 지킬 수 있는 것이다. 심지어 이런 소비는 친환경적 행위인 것처럼 여겨지기도 한다. 캡슐 커피 기업의 광고에서는 커피 농장 농부의 행복한 미소를 볼 수 있다. 열대 우림 커피 농장과 공정 무역으로 거래하는 선한 공급망 사슬의 끝에 소비자가 놓여 있다고 생각하게 한다. 소비자에게는 '지속 가능한 지구'를 위한 기업 이미지를 각인하고, 자신도 이 숭고한 활동의 참여자라는 인식을 심어 준다.

✳ ✳ ✳

최근 기후변화와 함께 등장한 용어가 '지속 가능한(Sustainable)'이다. 이 말은 무엇인가를 지속하기 어렵다는 의미다. 몇 해 전부터 풋내 가득한 와인 '보졸레 누보'와 갓 볶은 '브라질 커피'를 예전처럼 즐기기 힘들어지고 있다. 산지에 몰아닥친 한파와 이상 기후 때문이다. 지중해성 기후는 좀처럼 섭씨 영하로 떨어지지 않는다. 고지대인 브라질은 한여름에도 20도를 유지하는 기후 환경이었다. 그런데 최근 지중해에 서리가 내리고 브라질에 눈이 내리며 작물의 생산량과 공급망에 영향을 줬다. 미국 뉴욕상업거래소에서 커피 선물 가격이 급등하고 매년 커피 원가는 오르고 있다.

열대 우림의 소멸은 더 이상 새롭지도 않다. 지난 2019년 아마존 우림에서 화재가 산발적으로 발생했다. 1년 이상 화재는 계속됐고 결과적으로 일본 규슈 지역의 넓이와 맞먹는 자연을 잿더미로 바꿨다. 러시아 시베리아 대평원, 캘리포니아의 울창한 산림에도 산불이 몰아닥쳤다. 터키와 그리스, 이탈리아 등

유럽 전역에 산불 화재 사건이 있었다. 모두 가뭄과 고온의 기후가 함께 만들었다는 게 전문가들의 분석이다. 하지만 화재는 기후 변화 때문만은 아니었다. 브라질 아마존의 경우 개발을 위해 인위적으로 일으킨 방화라는 것이 주된 의견이다.

이렇게 지구 반대편에서 벌어지는 일들이 우리와 어떤 관련이 있는 걸까. 간혹 아마존 열대 우림의 상실을 지구 허파의 파괴로 비유하기도 한다. 언론은 마치 암에 걸린 허파처럼 병든 아마존을 그려낸 삽화나 인포그래픽을 보여 준다. 틀린 표현은 아니지만, 그렇다고 정확한 정보도 아니다. 식물의 광합성만으로 대기의 21%에 달하는 산소를 생성하긴 어려운 데다, 그리고 아무리 아마존이 거대해도 지구 전체를 대표하는 허파로 상징하기는 부적절하다. 물론 이런 열대 우림의 광합성량은 전체 육지에서 일어나는 광합성량의 30%에 달한다. 하지만 열대 우림이 광합성의 부산물로 배출하는 산소의 절반 이상은 거기에서 공생하는 미생물과 동물의 산소 호흡에 사용된다.

결론적으로 아마존이 아무리 울창해도 대기 분포에 기여하는 양은 생각보다 미미하다는 것이다. 아마존과 같은 열대 우림은 토양의 수분을 안정화하고 생물 다양성을 유지하며 기후를 안정시키는 데 기여한다. 이런 우림은 그 자체로 막대한 탄소를 저장하고 있는 셈인데, 아마존을 파괴하면 이 탄소가 대기 중으로 배출된다. 또 우림의 상실로 물을 흡수해 대기로 보내는 수증기량이 줄면 강수량이 줄고 결국 사막화된다. 아마존의 파괴는 산소의 부족이 문제가 아니라 기후 변화의 요소이다. 결국 물의 이동을 뒤흔드는 것이다. 한쪽은 홍수로 다른 한쪽은 가뭄과 화재로 몸살을 앓는다.

이제 질문을 다시 해 보자. 2019년 발생한 아마존 산불의 원인은 무엇일까. 왜 브라질 정부는 산불을 적극적으로 진화하지 않았을까. 오히려 산불을 방조하고 있던 느낌을 지울 수 없다. 정작 지구 반대편에 있는 우리는 어떤가. 직접적 관계가 없다고 생각한다. 강 건너편에서 난 불은 강물로 인해 우리에게까지 확산할 가능성이 없으니 화마는 그저 대단한 구경거리일 뿐이다. 그런데 그 화재의 원인이 우리 자신일지도 모른다면 어떻게 하겠는가?

재활용 분류 중에서 금속인데도 불구하고 유일하게 별개로 다뤄지는 금속이 있다. 바로 알루미늄이다. 수많은 금속 중에 왜 캔과 같은 알루미늄만 재활용 수거를 할까? 사실 알루미늄은 산소와 규소에 이어, 지구 지각에 세 번째로 풍부한 원소다. 금속만으로 보면 철보다 많은 셈이다. 순수한 알루미늄 재료는 물론이고 범위를 합금으로 확장하면 일상에 사용되지 않는 곳이 없을 정도다. 철보다 풍부한 이 금속은 1번 쓰고 버리는 퇴폐의 상징이 됐다. 알루미늄은 일회용 캔으로 만들어지며 인류의 소비 형태를 완전히 바꿨다.

20세기 초, 인류는 두 차례에 걸친 지옥 같은 전쟁을 치렀다. 지옥에서 탈출한 인류는 수많은 산업을 일으켰다. 전 세계적으로 폭탄과 항공기 수요를 맞추기 위해 알루미늄 산업은 고도의 성장을 했다. 소비경제를 복구하는 과정에서도 알루미늄은 빠지지 않았다. 이전 세대의 결핍을 채우던 물건의 소재를 알루미늄으로 바꾸고 1번만 쓰고 버릴 수 있게 변형시켰다. 인류의 품격 있는 삶을 잠시 채우고 바로 눈앞에서 사라져 버리게 한 것이다. 과거의 시간을 끌어다 한꺼번에 소모하는 플라스틱의 철학이 알루미늄에 옮겨진 것이다.

플라스틱도 문제지만 여전히 알루미늄은 포장재와 재료 산업에서 주요한 자리를 차지했다. 알루미늄을 재활용하는 이유는 간단하다. 알루미늄을 재활용하는 비용은 광산을 채굴해 순수한 알루미늄을 추출하는 데 필요한 에너지의 약 5% 정도면 충분하기 때문이다. 퍼센트 단위의 맹점은 절댓값을 알 수 없다는 데에 있다. 5%는 양으로 따지면 상대적으로 많을 수도 있고 적을 수도 있다. 그러니 전체를 먼저 봐야 한다.

이 금속이 재료로 쓰이는 이유는 가볍고 강해서도 있지만, 강한 산화성 때문에 녹이 잘 슬지 않는다는 장점 때문이다. 다른 말로 광물에서 순수한 금속으로 분리하기 어렵다는 의미다. 그래서 지각에 풍부하지만, 철보다 한참 후에나 인류 앞에 등장했다. 한때 금이나 은으로 만든 제품보다 귀했던 시절이 있었다. 유럽 귀족들이 손님 접대 때 최고의 예우로 알루미늄 식기를 사용했을 정도다. 이렇게 알루미늄이 귀한 대접을 받은 이유는 당시 순수한 알루미늄을 추출하는 공정에 엄청난 비용이 들었기 때문이다. 전기의 등장 없이는 알루미늄도 꺼내지 못했다. 보크사이트라는 광석에서 알루미늄을 추출하려면 화석 연료로 얻는 에너지로 불가능하다. 전기로가 등장하며 가능한 일이었고 이 방식은 여전히 지금도 사용된다. 이 방식을 홀-에루 추출 공정(Hall-Heroult Process)이라고 한다. 1886년 미국의 찰스 마틴 홀과 프랑스 폴 에루가 만든 전기분해식 생산법이다.

문제는 1kg의 알루미늄을 생산하는 데 약 15kW의 전력이 소모될 정도로 에너지가 많이 들어간다는 것이다. 전체 생산 비용 중 전력 요금 비중이 최대 40%에 달하는 에너지 집약 산업이다. 가령 1톤의 알루미늄을 생산하려면 2인 가구가 5년 넘게 사용할 수 있는 전기가 소모된다. 그리고 생산량보다 8배나 많은 8톤의 탄소를 배출한다. 알루미늄의 수요는 계속 증가해 전 세계 전기 소비량의 3%를 알루미늄 생산이 차지하고 있을 정도다. 이상적이긴 하나 생산된 알루미늄을 모두 재활용한다고 하면 전기 소비량을 0.15%까지도 낮출 수 있다.

그런데 재활용 분리수거장에서 커피 캡슐을 대상으로 어떤 행동도 취해지는 것을 본 적 없다. 특정 기업의 작은 커피 캡슐은 여전히 알루미늄이다. 물론 기업이 별도로 수거한다고 하지만, 절차가 복잡해 수거되는 양은 미미하다. 쓰레기로 버려지는 양이 얼마나 되겠냐고 반문할 수도 있지만, 한 해 버려지는 커피 캡슐 쓰레기만 최소 8천 톤에 달할 것으로 추정된다. 재활용되지 않으면 결국 이 수요를 충당하기 위해 광석으로부터 제련해 금속을 얻어야 한다.

결국 기업은 안정된 원료 공급을 위해 세계 굴지의 알루미늄 생산 업체와 협력한다. '지속 가능한 지구'가 아니라 '지속 가능한 알루미늄'을 위해 보이지 않는 협력을 한다. 세계에서 가장 큰 알루미늄 생산업체인 알칸(Alcan), 노르스크 하이드라(Norsk Hydra), 리오 틴토(Rio Tinto)와 손을 잡고 있는 기업은 커피 회사다. 보크사이트 광석을 채굴하려면 땅이 필요하다.

19세기 초 독일은 최초의 알루미늄 제련소를 세웠고 전쟁을 통해 세계 최고의 생산국이 됐다. 하지만 패전 이후 에너지 파동을 겪으며 1970년대 이후에 많은 알루미늄 제련소가 남반구로 이동했다. 매장량과 인건비 문제로 호주와 기니, 브라질과 인도네시아의 거대한 열대림을 없애기 시작했다. 제련에 필요한 전기는 댐을 건설해 수력 발전으로 얻게 된다. 댐을 건설하기 위해 대지를 파헤친다. 알루미늄 생산에 들어가는 탄소 배출량은 연간 5억 톤으로, 전 세계 배출량의 2%에 달한다. 제련 공정에서 나온 중금속은 근처의 토양과 물을 오염시킨다.

이런 사실은 거대한 구조 속에 숨겨져 낮은 차원의 시선에서는 잘 보이지 않는다. 보다 입체적 차원으로 보면 캡슐 커피는 현재 판매되는 커피 중에서 가장 비싼 커피일지도 모른다. 우리가 지불한 비용은 커피뿐만 아니라 거기에 현대인 삶의 풍경, 편리함과 품격, 디자인, 광고 비용을 녹여낸 전체를 누리는 것이다. 우리가 이 모든 풍요를 누리기 위해 지불한 영수증에는 보이지 않는 숫자가 적혀 있다. 눈에 보이지 않지만 과거의 시간을 끌어다 쓰고 망가진 미래를 복구할 대출금이 들어 있다. 우리가 미처 알지 못했던 물질이, 우리가 지속 가능하다는 문구로 그렇게 애써 지키려고 하는 대상을 파괴하는 데 이용되고 있었다.

* * *

경제학에서 일반적으로 말하는 가정이 있다. 사람들은 아직 출현하지 않은 미래 세대나 아주 멀리 있는 사람들을 위해서는 자발적으로 희생하지 않는다는 것이다. 인류는 이미 자본과 경제 논리 위에 놓인 영악한 자신을 너무나 잘 알고 있다. 당장 닥치는 위험이 없다면, 이미 그 거대한 구조 속에 속해 있으면서 아직 움직이지 않는 자신은 안전하다고 느끼기 때문이라는 것이다. 얼마 전 난방비와 가스 요금을 보고 놀란 사람이 많을 것이다. 체감적으로는 2배 이상이 올랐다. 물론 지구촌에서 벌어지는 전쟁으로 인한 여파도 적잖다. 지금은 과거의 정복자와 같은 확실한 존재가 있는 것도 아니다. 예전에는 정복자의 존재가 명징했다면, 지금은 흐릿한 모습으로 우리 자신의 세포 일부로 작동하고 있는 셈이다. 우리는 피해자이면서 동시에 가해자이기도 하다.

그런데 우리는 지금 정말 안전한 걸까. 문명의 발전으로 안락하고 평안해야 하는데, 우리는 늘 각성 상태로 세상의 변화를 좇으며 살고 있다. 세상에서 가장 비싼 값을 치르면서 카페인이라는 물질에 의지해 각성한 상태에서 산다. 동시에 가속하는 세상의 진동이라는 스트레스를 온몸으로 흡수하며 버티고 있다. 세상은 좋아지고 있는데 삶의 질은 점점 나빠지는 듯한 경험을 한다. 물론 경제적 여유가 있으면 그만큼 삶의 선택지가 많아진다고 생각할 것이다. 하지만 행복도는 경제적 수준에 비례하지 않는다. 물론 극단적 양극화도 이런 역설에 큰 몫을 한다.

이런 박탈감이 존재하는 이유는 만날 일도 없는 사람들과 비교되는 세상이기 때문이다. 자본주의와 신자유주의가 만든 시장 시스템은 끊임없는 소비를 해야 작동되는 구조다. 소비가 멈추는 순간 모든 것이 부메랑이 되어 우리에게 더 큰 눈덩이로 돌아온다. 멈추면 안 되고, 계속 순환되야 하기에 전체가 지쳐가는 구조다. 결국 무력감과 우울을 경험하며 지친 현대인은 결국 약에 의존한다. 무력감과 우울, 불안은 이제 더 이상 정신병이 아니다. 수면장애로 졸피뎀을 처방받는 사람이 우리나라 인구 29명당 1명 꼴이다. 아이러니한 일이 아닐 수 없다.

각성 상태를 유지하기 위해 마시는 커피 한 잔에 있는 카페인은 약 100mg이다. 각성 작용에는 뇌 속의 신경전달물질인 아데노신과 관련이 있다. 아데노신은 우리 몸의 에너지원으로 사용하는 연료물질이다. 이 아데노신이 쌓이면 잠이 온다. 카페인은 아데노신에 먼저 결합해 잠이 오는 것을 방해한다. 졸피

뎀 역시 뇌의 수용체 중 하나인 가바수용체와 먼저 작용해 진정성 신경전달을 하는 것처럼 흥분을 가라앉힌다. 우리 스스로 만든 문명에 갇혀 이를 유지하려고 소모되고 있는 셈이다.

인류는 성장이라는 키워드에 갇혀 뒤처지면 안 된다는 것을 당연하게 여긴다. 마치 다람쥐처럼 악순환의 바퀴에 갇혀 계속 달리고 있는 셈이다. 이제 멈출 때가 된 것은 아닐까. 성장이 멈추면 큰일이 날 것 같은 착각에 빠진 것은 아닌지 돌아봐야 한다. 인류는 자발적으로 멈춰 본 경험이 없다. 전쟁과 질병으로 문명이 후퇴는 했을지언정 늘 앞으로 나아가고 있었다. 잠깐 멈춰야 지금 우리에게 필요한 것이 어떤 것인지 알 수 있지 않을까. 질문이 많아지는 시대다.

바다로 돌아간 고래

제임스 카메론 감독의 영화 〈아바타: 물의 길〉에는 고래를 닮은
거대한 해양 생명체가 등장한다. 판도라 행성의 멧카이나 부
족과 특별한 관계인 '툴쿤'이란 동물이다. 하지만 멧카이나 부
족은 툴쿤을 동물로 바라보지 않고 한 종족으로 여긴다. 툴쿤
은 항상 무리 지어 생활했다. 툴쿤은 새로운 행성을 찾은 지구
인에게 특별한 정복의 대상이었다. 툴쿤의 뇌에는 '암리타'라는
물질이 있었다. 이 물질의 이름은 인도의 신화에 나오는 신들
의 음료에서 차용했다. 그리스 신화에서 올림포스 신들이 축제
에서 즐겼던 음료 '넥타르'처럼 사람이 이 물질을 먹으면 불멸
의 존재가 된다.

인간 사냥꾼들은 툴쿤을 사냥하고, 머리에서 암리타를 추
출해 지구에 팔았다. 이 과정에서 폭력이 있었다. 툴쿤족은 폭
력의 악순환을 겪은 아픈 역사가 있었다. 그에 대한 반성으로
어떠한 종류의 폭력도 행하지 않겠다는 규칙을 세운다. 이를

어겨 추방당한 툴쿤이 영화에 등장한 '파야칸'이다. 감독은 인간들의 툴쿤 사냥 장면으로 우리가 지능과 감정을 가진 생명체를 어떻게 대하고 있는지 알려 주려 했다. 콜럼버스가 발견한 신대륙에 야만으로 핏빛 역사를 남겼듯 인간의 탐욕과 야만은 미래의 우주에도 여전하다. 탐욕의 교훈을 미래에 남길 때까지 이 영화가 끝나지 않은 것처럼, 현실도 진행 중이다.

* * *

1841년 1월, 소설가 허먼 멜빌은 메사추세츠 페어헤이븐에서 어커시넷호를 타고 출항했다. 《모비 딕》의 주인공 이스마엘이 겪은 일은 멜빌의 경험에서 우러난 다큐멘터리인 셈이다. 당시 경제가 악화되어 멜빌은 일자리가 없다는 이유로 바다에 갔다. 어커시넷호는 포경선이었다. 19개월이 지나 배는 남태평양 마르키즈 제도의 섬인 누쿠 히바에 닻을 내렸다.

멜빌이 출항한 시기로부터 20년 전, 갈라파고스 군도로부터 서쪽으로 한참 떨어진 곳에서 에식스호가 침몰하는 사건이 있었다. 멜빌이 밟은 땅은 에식스호에서 탈출한 선원들이 보트로 바람을 타고 가려고 했던 가까운 섬이다. 탈출한 선원들은 섬에 식인종이 살고 있다는 소문 때문에 그쪽으로 가지 않았다. 그들은 바람을 거슬러 다른 곳으로 가기로 결정했다. 세 척의 보트에 나누어 탄 20명의 선원들은 5천 km나 떨어진 남아메리카 서쪽에 3달만에 도착했다. 하지만 이들 자신이 식인종이 돼 있었다. 3달동안 보트에서 살아남기 위해 두려워하던 야만을 선택한 것이다. 허먼 멜빌은 다시 어커시넷호에 타지 않고 섬에 머물렀다. 그리고 9년이 지난 뒤《모비 딕》을 출간했다. 마르키즈에서의 삶은 멜빌을 완전히 바꿨다.

멜빌이《모비 딕》을 쓸 무렵, 미국 매사추세츠주 코드 곶에서 남쪽으로 50km 떨어진 곳에 있는 낸터킷섬은 미국에서 가장 유명한 포경항이었다. 낸터킷 사람들의 목표는 향유고래였다. 포경선은 화석 연료 없이 20~30명의 선원만으로도 수십 년 동안 전 세계 바다를 휘젓고 다닐 수 있었다. 배의 운항은 바람에 맡겼지만, 불은 늘 필요했다. 이들은 연료를 스스로 얻었다. 향유고래를 포획해 토막 낸 후, 배 안의 정유로에 끓이면 정유 공장이 되었다. 이 덕분에 고래 지방을 끓여 통에 담으면 그 자체가 고가의 상품이었다. 고래 기름은 전 세계 도시의 밤을 밝혔고, 산업혁명의 기계에 윤활제가 됐다. 퀘이커 교도가 대부분이던 낸터킷 상인들은 굉장히 부유했다.

야만인들을 몰아내고 신의 축복과 자유를 얻었다고 외치던 미국은 다른 색깔의 잔혹함을 품었다. 자유와 위대함을 외치면서도 노예를 구속하고 원주민을 살생하던 그들은 이 세상에서 가장 커다란 생명체에게도 가혹했다. 고래는 인간에게 그저 금과 같은 광물이었을 뿐이다. 모든 고래는 온몸을 두꺼운 지방층으로 둘러싸고 있다. 이들에게 지방은 필수다. 낮은 수온의 바다에서 그들의 몸을 보호하는 데에 필요하기 때문이다.

그들이 유독 향유고래에 집착했던 것은 향유고래만이 가진 특징 때문이다. 잠수함의 앞부분을 닮아 뭉툭한 향유고래의 머리를 이스마엘은 이렇게 묘사했다. "그것을 보고 있으면, 자연의 어느 무엇보다 강력하게 신성(神性)과 가공할 힘을 느낀다." 그리고 오늘날 일신이 지배하는 하늘, 신들이 사라진 언덕에서 미래의 고도 문명을 이룬 나라가 고대 오월제의 신들을 되살리고 다시 누군가를 왕좌에 올린다면 그것은 틀림없이 향유고래가 될 것이라고 했다. 이유는 고래의 빈틈없는 벽, 뼈가 아닌 거대한 덩어리, 감각도 없을 것 같은 신비로운 그 뭉치, 머리 때문이었다.

* * *

앞서 언급한 에식스호의 침몰은 성난 향유고래의 단단한 머리에 좌초됐다고는 하나 실제로 그런 것인지는 확인되지 않은 채로 200년 동안 논란 속에 있다. 왜 향유고래 머리의 이마는 유독 튀어나왔으며, 사람들은 여기에 열광했을까. 물론 인류와의 전투에서 사용된 것처럼 자신들끼리의 경쟁과 진화 과정에서 유리하게 사용됐을 것이다. 2016년 생태 환경 저널인 〈PeerJ〉에서 해부학, 골생물학, 대형 동물 역학 전문가인 파나기오토풀루 박사는 향유고래 수컷들끼리 짝짓기 경쟁에서 머리가 무기로 기능하도록 진화했다고 주장했다. 암컷보다 몸집이 3배나 큰 성적 이형성을 가진 수컷들이 자기들끼리의 경쟁으로 머리를 키우는 선택을 했다는 것이다. 머리뼈가 단단해서일까? 하지만 향유고래의 뼈를 보면 이마 부분에 골격이 존재하지 않는다. 보편적으로 이 자리에 뇌가 있어야겠지만, 향유고래의 뇌는 몸의 안쪽 목구멍 근처에서 보호된다. 향유고래의 뇌는 몸집이 가장 크다는 대왕고래보다 크지만, 그래봐야 인간의 뇌 크기의 5배 정도다. 연구진은 이마가 충돌했을 때의 충격을 시뮬레이션했다. 배를 들이받고 좌초시켜도 머리는 다치지 않았다. 대체 그 안에는 무엇이 있을까.

＊ ＊ ＊

향유고래 머리는 대부분 지방으로 차 있다. 2개의 구역으로 나뉘어 경랍과 멜론이라는 이름의 지방이 있다. 경랍과 멜론은 분명 향유고래의 생존에 필요한 물질이었다. 그런데 인류가 열광한 이유는 이들의 생존과 상관없다. 경랍의 부피는 1,900L나 된다. 커다란 저수조 같은 공간에는 맑은 기름으로 가득 차 있다. 향유고래에서 기름을 얻는 방법은 두 가지다. 하나는 고래 피부인 지방층을 벗기고 얇게 썰어 끓이는 방법이다. 다른 하나는 경랍 기관에 들어있는 경뇌유(鯨腦油)다. 맑은 경뇌유는 공기에 노출되면 응고하며 뿌옇게 변한다. 마치 녹은 양초의 파라핀이 굳는 것처럼 말이다. 허름한 목조선이 수년 동안 화석 연료를 태우지 않고도 바다에 머물 수 있는 이유도 바로 이 지방을 연료로 쓸 수 있기 때문이다.

경랍은 왁스나 파라핀 같은 질감을 가진 반액체 상태의 지방이다. 당시 양초, 비누, 화장품의 원료로 사용됐고 20세기 중반까지 윤활유의 원료로 이용됐다. 지방의 쓰임은 고래마다 달랐다. 조명 용도로는 수염고래 지방이 적합했다. 경뇌유가 귀족의 밤과 산업을 부흥시킨 건 향유나 윤활유 등에 사용됐기 때문이다. 초기에는 지방조직을 소금에 절여 운반했다. 하지만 장시간 항해 중 지방이 변질됐고, 이후 피하지방 조직을 얇게 썰어 튀기는 방식으로 바꾸었다. 경뇌유는 손으로 곤죽 같은 덩어리를 직접 짜냈다. 경뇌유란 이름에 머릿골에서 짜낸 기름이란 뜻이 있다. 이렇게 액체 상태의 기름만 뽑아내는 것으로 방식을 바꾸었다.

고래의 입장에서는 자신의 몸뚱이를 조각내 연료로 쓰고, 몸을 튀겨 기름을 얻은 것이다. 얼마나 잔인한 짓인가. 머리카락이 타는 냄새보다 더 지독한 냄새와 연기가 늘 포경선에서 피어올랐다. 배 전체가 화장터나 다름없었다. 이스마엘은 이 냄새를 최후의 심판의 날, 신의 왼편에 밀린 이들에게서 나는 지옥의 냄새라 했다. 고래의 멸종 위기와 함께 석유화학 산업의 등장으로 이 광란은 멈추었지만, 우리의 문명은 야만으로 세운 것이나 다름없고, 그 야만은 아직 유효하다. 그리고 미래에도 유효할 것이다.

고래는 원래 바다 생물이었지만 바다를 떠나 포유류가 되었다. 육지의 포유류가 된 고래 중에서도 일부는 바다로 돌아와 현재의 고래가 되었다고 한다. 생물학자들이 말하길, 고래는 그저 생존하기 위해 바다로 돌아간 것이라고 한다. 그들이 실존할 수 있는 공간으로 되돌아갔을 뿐이다. 그런데 바다의 삶도 이들에겐 만만찮다. 인류는 이제 더 이상 고래의 몸을 짜내 기름을 얻지 않지만, 20세기 후반 우리 문명을 세우며 지금까지도 영험한 생명에게 또 다른 야만을 행하고 있다. 영화가 아직 끝나지 않은 것처럼, 툴쿤 파야칸이 다시 등장해 인류에게 교훈을 줄 것이다. 자연은 늘 교훈을 주었다. 인류가 그것을 온전히 이해하지 못할 뿐이다.

고래를 쫓는 인류

종교적 차원을 떠나 세계적 베스트셀러인 성경의 〈마태오복음〉에 있는 구절을 보자. 복음서 25장 31절부터 46절은 '최후의 심판' 장면이다. 예수님의 오른편엔 양과 같은 이들, 왼편엔 염소와 같은 이들이 있다. 오른편의 사람들은 의인으로 영원한 생명을 누리는 곳으로 가고, 왼편의 사람들은 영원의 벌을 받는 곳으로 가게 될 것이라는 구절이 있다. 나는 신이 존재한다는 가정하에 고래는 어느 쪽일지 궁금해졌다. 어떤 연유에서든 현재 고래는 신의 왼편에 있는 상황으로 보인다.

1977년 8월 20일과 9월 5일 각각 우주로 발사된 우주탐사선 보이저 1, 2호를 알 것이다. 지구가 우주에 보내는 '사절'이었다. 1990년 발렌타인데이에 보이저 1호가 60억 km 밖에서 지구를 촬영한 사진 한 장, '창백한 푸른 점(Pale Blue Dot)'은 지구인들이 우주에서 얼마나 보잘것없고 먼지 같은 존재인지 알려 줬다. 보이저 2호는 태양계 행성들을 근접 촬영해 보여 줬다. 어마어마한 거리에 있는 이들의 임무는 2025년이면 끝날 것으로 본다. 이미 태양의 힘이 미치는 공간을 벗어나 등속으로 우주를 항해 중인 두 사절단의 통신은 끊어져도 서로 다른 속도로 항해할 것이다. 이들에게는 마지막 임무가 남아 있다. 두 보이저호에는 금박을 씌운 축음기용 구리 레코드판이 있다. '골든 레코드'라고 불리는 이 레코드판에는 음악과 사진은 물론 우리나라를 비롯한 55개국의 인사말이 들어 있다. 외계 생명체가 보이저호를 발견할 경우 지구의 존재를 알리겠다는 의도다.

우리는 늘 달의 앞면만 본다. 늘 아름다운 앞모습만 보여주는 달에 홀려 인간은 미학적 의미를 부여했다. 반면 달의 뒷면에는 처참할 정도로 숱한 운석 충돌의 흔적이 있다. 추한 모습을 일부러 감추기라도 하듯 달은 지구에 늘 자신의 앞면만 향한다. 이는 달의 자전과 공전 주기가 같기 때문이다. 달은 공전과 자전 속도의 차이와 지구 자전축에 따라 진동하는 '칭동' 현상으로 실제로는 면적의 약 59%를 볼 수 있다고 한다. 인류는 보이지 않는 나머지 41%를 궁금해했다. 최근 중국의 창어(嫦娥) 5호가 달의 뒷면인 '폭풍우의 바다(Oceanus Procellarum)'에 착륙해 토양과 암석 시료를 채취했다. 시료에서 산소와 수소가 결합한 수산기가 존재한다는 것을 알아냈다. 연기가 불이 난 걸 알려 주듯이 수산기는 달에도 물이 있었다는 증거였다. 이를 계기로 태양계의 형성과 진화에 관한 이해를 넓혀갈 수 있다고 한다. 지구 표면을 71%나 덮고 있는 바다도 물이다. 그리고 거기에는 수많은 생명체가 살고 있다.

고래는 심해에서 먹이를 먹고 얕은 바다로 올라와 붉은색의 배설물을 뿜어낸다. 배설물의 색이 붉은 이유는 먹이인 크릴 때문이다. 고래가 배설하는 유광층은 수심 200m 내외라서 광합성이 가능한 표층수다. 심해에 가라앉았던 유기물질들이 고래를 통해 표층수에 도달해 광합성을 할 수 있게 된다. 고래의 배설은 단세포 유기체와 식물에게 영양소를 제공하는 '펌프' 역할을 하는 셈이다. 식물성 플랑크톤 번성의 도화선이라고 할 수 있다. 하지만 이조차도 달의 앞면을 보는 것과 같을 수 있다. 여전히 많은 사람들은 달의 앞면에 대한 지식이 더 많고, 지구의 3분의 2를 덮고 있는 바다와 심해에 대해서는 모르는 게 더 많다. 그중 심해와 표층은 물론 온 바다를 휘젓고 다니는, 지구에서 가장 큰 동물인 고래에 관해서도 일부분만 알고 있다. 그 넓은 바다에서 고래는 지금 어디로 향하고 있을까.

* * *

최근 '고래 낙하(Whale Fall)'라는 용어를 접했다. 죽은 고래의 몸이 깊은 바닷속으로 가라앉아 소멸하는 과정을 이르는 말이다. 죽음과 수장이라고 하니 안타까운 일처럼 느껴질 수 있다. 하지만 이것은 바다 생태계에 꼭 필요한 현상이다. 왜냐하면 고래의 죽음은 심해 생명체에게 또 다른 삶의 시작이기 때문이다. 고래 낙하는 심해에서 일어나야 이를 식량으로 다른 생명체가 북적이고, 바다 생태계가 유지된다. 자연은 고래의 유전자에 심해에서 생을 마감하도록 코딩해 놓았다.

고래 사체가 심해까지 낙하하는 데 가장 큰 역할을 하는 것은 중력이다. 고래의 육중한 뼈대가 중력의 도움으로 사체를 심해까지 내려갈 수 있게 한다. 하지만 바다 밖에서는 이것이 자신을 해치는 무기가 된다. 지상으로 힘없이 밀려온 고래의 척추와 갈비뼈는 고래의 내장과 살을 누르고 짓이겨 놓는다.

고래가 심해가 아닌 엉뚱한 장소에서 죽는 이유는 다름 아닌 쓰레기 때문이다. 일상에서 사용했던 평범한 물건들이 고래의 배를 채운 것이다. 해변에 떠밀려 온 어느 향고래의 배에는 비닐하우스 한 채가 고스란히 들어 있었다고 한다. 힘없이 해변에 떠밀려 온 고래의 대부분은 다시 바다로 돌아가지 못한다. 고통스럽게 죽어 가는 포유류에게 인류가 할 수 있는 자비는 안락사뿐이다. 하지만 고래의 거대한 신경망 탓에 안락사마저 쉽지 않다. 물론 독을 사용할 수 있다. 하지만 치명적 독극물은 몸속에 오랫동안 남아 야생의 시체처리반인 다른 자연 생명체들에게 악영향을 미친다.

향유고래의 거대하고 뭉툭한 머릿속에는 경랍 기관이 있고, 거기엔 향고래가 소리를 내는 밀랍 같은 액체인 경랍이 있다. 머리에는 멜론이라는 조직도 있다. 과학계는 이 멜론 조직이 충격을 흡수한다고 밝혔다. 물론 경랍과 멜론 조직은 충격 완충 용도에만 그치지 않는다. 고래들끼리의 소통 수단인 초음파가 두 기관의 작용으로 증폭되어 나오기 때문이다. 게다가 충격으로 머리에 약간의 손상이라도 입으면 생명을 잃을 수도 있다.

어떻게 큰 고래가 작은 충격에 생명을 잃을 수 있다는 걸까? 심해는 빛이 거의 들어오지 않는 어두운 곳이다. 먹잇감을 찾는 데 이마에 있는 2개의 기관이 사용된다. 두 기관이 만든 음파는 고래들끼리 소통할 때도 사용되지만 보다 정교한 레이더 작용을 하기도 한다. 고래의 입술에서 발생한 일정한 소리는 경랍을 거쳐 머리 뒷부분에 전달되고 반사되며 멜론 기관에서 증폭되어 나온다. 공기 중에서 소리가 초당 약 340m로 전달된다고 하면 경랍 기관을 통과하는 음파의 속도는 무려 초당 2,684m나 된다. 이 속도가 증폭되면 음파는 멀리 간다. 범고래나 돌고래의 음파 탐지 범위가 멀어야 150m 반경이라면 향유고래는 500m 떨어진 먹잇감을 찾을 수 있다. 고래 중 최고의 탐지 기술을 지닌 셈이다. 이때 향유고래의 초음파는 무려 230dB을 발생하는데, 비행기 이륙 시 발생하는 소리가 100dB임을 감안하면 그 충격파는 대단하다. 그래서 이런 강한 초음파로 심해 대왕오징어와 같은 먹잇감을 기절시킨다는 가설도 있다.

이보다 반세기 전 1970년 고래 연구를 했던 말콤 클라크 박사는 향유고래가 심해까지 내려가 대왕오징어, 문어, 가오리 같은 큰 생물을 먹이로 살아가는데, 경랍이 무게 추처럼 잠수에 사용됐을 것이라고 주장했다. 낮은 수온에 경랍은 굳어 더 단단해지고, 먹이를 섭취한 고래의 체열이 상승하며 경랍이 녹아 고래가 부상하는 역할을 했을 것이라 생각했다. 이 기름의 용도는 인류 문명을 떠받치는 기름에 그치지 않았다.

최초의 플라스틱이라고 알려진 폴리염화바이페닐(일명 PCB)과 유사한 인공화합물의 최초의 생산 원료는 석탄이 아닌 고래의 블러버였다. 인류 문명은 이렇게 고래를 밟고 올라섰다. 석유가 등장하고 멸종을 우려해 향고래 남획이 사그라들었지만, 그다음 시기는 고래에게 더욱 잔인했다. 20세기 초의 세계전쟁은 독가스를 사용해 '화학자들의 전쟁'으로도 알려져 있다. 전쟁 덕분에 과학계에서 화학이 두드러지게 활약을 했기 때문에, 화학이라는 분야의 운명에서는 그리 나쁜 일은 아니었다. 전쟁의 여파에도 거대한 화학 기업들은 운영을 멈추지 않았고, 문을 닫지도 않았다. 오히려 거대하고 강력한 기업으로 성장했다. 이 시기에 고분자 분야가 힘차게 출발하게 된다.

2차 세계대전이 끝난 후 냉전을 거치며 신자유주의가 세상을 휩쓸었다. 20세기 중반부터 화석 연료를 본격적으로 사용하기 시작했고, 산업의 발달과 함께 플라스틱 물질과 중금속, 살충제가 바다를 채웠다. 100년도 채 되지 않은 시간에 벌어진 일이다. 고래는 거대한 폐로 숨을 깊이 들이마시고 보통 1시간 정도 바닷속에서 생활한다. 향유고래의 경우 1시간 반정도 심해에서 머무를 수 있다. 향유고래가 이렇게 오래 있을 수 있는 이유는 고농도의 미오글로빈 때문이다. 물론 헤모글로빈도 인간보다 2배나 많지만 산소를 더 많이 가둘 수 있는 미오글로빈은 인간의 10배나 많다. 심해로 가며 물의 압력이 높아지면 산소가 허파 밖으로 밀려 나와 전신에 퍼진다. 하지만 이때 흡입한 중금속과 독성 오염 물질들이 온몸의 지방층에 쌓인다. 고래 자체가 환경 오염 물질이 되는 것이다. 고래의 지방으로 만든 폴리염화바이페닐은 후손의 몸뚱이에 다시 쌓여 간다.

고래는 사회적 동물이다. 새끼를 사랑스럽게 돌보는 장면에서 볼 수 있듯이 고래는 추상적 사고가 가능하고, 선천적으로 시간과 자아를 의식할 정도로 복잡한 뇌를 지니고 있다고 한다. 이를 이용해 19세기 포경선은 새끼 고래에게 먼저 작살을 던졌다고 한다. 새끼를 미끼로 이용한 것이다. 이후 고통스러워하는 자식의 주변을 맴도는 어미와 어른 고래에게 수많은 작살이 날아갔다. 이렇듯 향유고래는 무리를 짓는 특성이 있다. 천적으로부터 약한 고래를 보호하기 위해 그를 중심으로 빙 둘러 큰 고래들이 보호하는 형태를 취한다. 마치 국화꽃 같은 이런 대형은 마거리트 포메이션(Marguerite Formation)이라고 불린다. 어느 순간부터 고래들은 이런 형태의 보호를 그만두었다. 고래 무리를 쫓는 포경선에게 이런 습성만큼 사냥에 유리한 것이 없었기 때문이다. 고래는 이 습성이 자신들에게 불리하다는 것을 학습했고, 바람이 불어오는 쪽으로 이동해 포경선으로부터 도망치기 시작했다. 오랜 시간을 거쳐 유전자 변화로 진화한 것이 아니라, 직접 학습하여 유리한 쪽으로 행동한 것이다. 그만큼 고래는 우리가 상상했던 것보다 월등한 지능을 지닌 생명체다.

이렇게나 높은 지능을 가지고 있다면 죽음은 물론 고통 또한 인식하고 있지 않을까. 동물을 이렇게 학대해도 된다는 인간의 권리는 누가 만든 것일까. 바다의 화학적 구성은 이미 변했다. 열대 바다 산호의 소멸이 그 증거다. 지구온난화로 인해 상승하는 바다의 온도와 산소 손실, 그리고 이산화탄소의 흡수로 인한 산성화의 압력은 약 2억 5천만 년 전 페름기 말기에 일어난 대멸종을 연상시킬 정도라고 한다.

인류가 영장 동물, 최종포식자라는 지위를 자부하고 있지만, 이것은 일종의 우주적 윤리로부터 자신을 변호하려고 만든 권위일지도 모른다. 인간은 광활한 우주에서 태양계조차 넘어보지 못하고 기껏해야 달밖에 가지 못했다. 먼지만 한 행성에서 피라미드의 꼭대기에서 군림하며 마치 우주적 질서를 정한 신처럼 굴지만, 결국 이 자연의 질서에는 인간도 복종해야 할 대상일 뿐이다.

비행기만큼 큰 대왕고래가 새끼를 낳는 장면을 본 사람이 지금까지 아무도 없다고 한다. 바다가 고래의 비밀을 지켜 주는 걸까? 아니면 쓰레기통이 된 바다를 더 이상 뒤질 필요가 없다고 생각하는 걸까. 고래 신드롬을 일으킨 〈이상한 변호사 우영우〉 드라마의 인기가 환경의 담론화로 이어지길 바란 건 무리였을지도 모르겠다. 그러면서도 나는 과거가 된 사건을 배경으로 글을 쓴다. 과거 사건은 여전히 현재진행형이고, 미래형이기도 하다. 누군가는 읽을 것이고 누군가는 느낄 것이다.

이전에 아들이 좋아하는 과자를 마트에서 사 온 적이 있다. 당시 과자의 양보다 포장지가 더 크다고 투덜댔었다. 그런데 이번에 사 온 과자를 보니 용기가 플라스틱에서 종이로 바뀌었다. 개인보다 기업과 국가가 바뀌면 효과는 더 크다. 지구의 온도가 아주 미미하게 내려간 것 같은 느낌이다.

고래는 이제 어디로

요즘은 인터넷으로 물건을 사는 일이 특별하지 않은 세상이다. 심지어 해외에 있는 물건도 관세청 사이트에서 간단한 본인 인증을 하면 개인 고유 통관 번호를 부여 받아 쉽게 구매할 수 있다. 몇 해 전 나는 중국의 거대 그룹에서 운영하는 온라인 쇼핑몰을 접하게 됐고, 한동안 거기서 쇼핑하는 것에 중독됐다. 작은 나사부터 일상을 채운 모든 것이 그곳에 있었고, 심지어 마치 도매 거래가만큼 저렴했다. 《아라비안 나이트》의 램프 요정 지니처럼 모든 것을 구해 줬다. 이전에는 번역서가 없는 외국 원서나 실험에 필요한 부품을 구매하기 위해 미국의 아마존이나 이베이를 이용하곤 했지만 배송 지역이 제한돼 불편했고, 배송료가 부담스러웠다. 그런 점에서 이 중국 거대 쇼핑몰은 신세계였다. 물론 배송료가 전혀 없는 것은 아니지만 해외 배송료치곤 상당히 저렴했다. 특히 급하게 받지 않아도 될 물건이면 배송료는 무료나 마찬가지였다. 지난해 중국 광군제인 하루에만 알리바바 계열의 유통 플랫폼을 통한 판매액이 한화로 약 99조 원이라고 하니 거래되는 상품들이 얼마나 많은지 짐작할 수 있을 것이다.

물론 모든 상품이 양질의 상품은 아니다. 저렴한 만큼 저급한 질로 실망을 안기지만 사람들은 열광한다. 시쳇말로 '대륙의 실수', '머스트 해브'로 수식된 물건을 보물 찾기 하듯이 휴대폰을 손에서 놓지 못한다. 이미 소비자의 심리를 꿰고 있는 노련한 기업은 플랫폼을 보물찾기 놀이터로 둔갑시킨 것이다. 이들은 소비자가 무엇을 사려는지 이미 알고 있었다. 소위 각종 SNS를 통해 얻은 개인의 관심이나 의도를 파악하고 추천한다. 자극적인 후기로 존재조차 몰랐던 물건들을 필수품처럼 여기게 만든다. 부지불식간에 저가의 잡동사니와 아이디어 상품은 사람들을 유혹에 빠트리고 헤어 나오지 못하게 한다.

특히 과학을 업으로 하는 나는 과학적 원리로 작동되는 물건들에 포획될 수밖에 없었다. 과일 껍질을 얇게 깎는 기구, LED를 이용한 차량용 연락처 표시 장치나 동작 감지가 되는 취침 조명, 각종 충전용 어댑터를 일체형으로 연결하는 부품 등 온갖 싸구려 물건이 집안을 가득 채우기 시작했다.

물론 이런 물건에는 나름의 과학적 원리가 있다. 언뜻 보기에는 혁신적이고 창조적 상품이다. 하지만 제품은 홍보 영상처럼 작동하지 않거나, '견고', '편의'와 같은 홍보 문구와는 거리가 있다. 한편 노동 절약형적 기능은 지나치게 복잡해 더 많은 노동을 만들어 냈다. 특히 부품들끼리 맞물리는 기구는 조립 과정은 물론, 사후 세척 관리도 번거로웠다. 사용자들을 고려하지 않은 구조나 부실한 마감으로 다치기도 했다.

그저 과학이라는 용어에 포획되어 사물의 존재 이유를 인지하지 못했다. 심지어 나는 이런 물건을 광고하기도 했다. 흔히 득템이란 걸 하게 되면 소셜 네트워크 서비스에 '핫한 아이템'을 자랑하기 마련이니까. 뒤늦게 내가 만든 싸구려 집안 풍경이 눈에 들어왔고, 플랫폼 전체 구조를 들여다보기 시작했다. 그러자 1달러가 채 되지 않는 물건이 화석 연료를 태우며 바다를 건너면서도 저렴한 배송료로 우리 손에 쥐어지는 것부터 의심이 들었다. 배송료가 싼 이유는 우리나라를 포함한 여러 국가는 만국우편연합(Universal Postal Union)에 가입되어 있기 때문이었다.

이 연합에 속한 국가 간에는 EMS를 비롯해 각종 우편 서비스를 양질로 이용할 수 있다. 쉽게 말해서 지구상의 거의 모든 지역에서 고정 가격에 가까운 형태로 우편을 이용한다는 의미다. 상호 호혜 원칙에 따라 우편 수단과 국가에 상관없이 우편물은 국내 우편처럼 성실하게 배송해야 한다. 내가 이용했던 업체가 속한 국가의 우체국들은 협약을 소위 악용한 듯했다. 발송 우체국은 목적지 우체국까지 물품을 운송하는 비용만 부담하면 되고, 실제 목적지까지 배송에 필요한 비용은 우리나라 우체국에서 대부분 부담했던 것이다. 결국 발송 물량을 무차별적으로 늘리면 저렴한 배송료에도 그들은 손해를 보지 않는 구조였다. 그야말로 총체적 과잉이 낳은 불공정이 있었다. 정해진 물류 비용에서 누군가 이익을 봤다면 누군가는 손해를 보는 제로섬(Zero Sum) 게임이기 때문이다.

역사학자인 웬디 A. 월러슨은 자신의 저서 《싸구려의 힘》에서 지금을 보편적인 저렴함의 시대라고 말했다. 그리고 이런 물건들을 크랩(Crap)이라고 말하며 소위 크랩에 포위당한 현대인의 태도를 꼬집었다. 총체적 과잉 시대에서 새로운 종류의 크랩을 만들어 내려면 창의력이 요구될 수밖에 없고, 마치 그것을 증명하듯 과학이 등장한다는 것이다. 요즘 시대에는 '과학적인 것'이라 하면 누구도 반론을 들지 않으니까. 저자는 특히 균일가 매장을 지목한다. 고정 가격 매장은 상품을 품질 가치에서 가격으로 초점을 전환하며 더 많은 크랩을 양산하고 공급한다. 크랩 문화는 물질만능주의를 제거하지 않는 한 앞으로도 오랫동안 우리와 함께할 것이다.

물론 그 가운데는 좋은 물건도 있고 누군가에게는 양질의 삶을 제공해 줄지도 모른다. 물질 사용에서의 민주화는 이룬 셈이다. 하지만 전체적으로 보면 싸구려 물건은 결국 무용지물이라는 것에 동의할 수밖에 없다. '가성비'라는 비율이 가진 인식의 함정이다. 가격과 성능의 크기만 따지니 상품의 질과 가치는 사용자의 수요에 맞추어지는 게 아니라 가격에 따라 정해진 것이다. 싸구려 상품의 생명은 짧고, 우리는 더 짧은 행복감을 누린다. 무용으로 빠진 가치는 미니멀리즘으로 포장되어 자랑스럽게 우리 곁에서 떠난다. 저렴하니 폐기에도 어떠한 고민도 저항도 들지 않는다. 그런데 값은 싸야 하므로 대량생산되어야만 하는 상품들은 분명 우리가 치러야 할 대가로 돌아오게 마련이다.

20세기 이전의 상품들은 적어도 수리가 가능하거나 용도를 변경할 수 있는 금속이나 목재, 석재, 혹은 고무 등으로 제작됐다. 미국의 개러지(Garage) 문화도 여기에서 출발했다. 집 안 차고나 창고에서 물건을 수리해 재활용하거나 다른 이와 교환하며 상품의 수명을 늘리는 문화였다. 하지만 20세기에 들어서며 이럴 필요가 없어졌다. 물질의 민주화는 모든 것을 일회성으로 바꾸기 시작했다. 크랩을 만드는 데 가장 많이 사용되는 물질은 플라스틱이고, 제조 공정에서 화학물질을 우리가 사는 공간으로 쏟아 버렸다. 저가의 플라스틱 상품들은 더 쉽게 고장이 나고 우리 눈앞에서 치워 사라지지만, 완전히 없어지지는 않는다. 대부분 소각되고, 일부는 재활용되거나 다른 쓰레기와 땅에 묻힌다.

플라스틱 상품들은 폐기 과정이 촘촘하게 통제되지 않은 빈틈을 타고 우리가 관심 없는 공간으로 흘러간다. 가령 태평양을 떠다니는 쓰레기 더미는 무려 1조 8천억 개의 플라스틱 조각으로 이루어져 있으며 무게는 약 8만 8천 톤에 달한다. 우리 눈앞에서 치워진 쓰레기는 생태계는 물론 지구 환경마저 엉망으로 만들고 있다. 크랩은 자연의 타락만을 의미하지 않는다. 사회적 타락까지도 포함한다. 제조 공장이 중국 외곽 지대나 개발도상국에 자리를 잡은 것은 노동력을 착취하기 위함이다. 노동 조건을 규정하는 국제 조약을 회피할 수 있는 곳에서 생산해야 싼 값에 물건을 팔 수 있다. 그러니까 과도한 엉터리들이 주는 왜곡된 쾌락은 우리의 미래 환경과 누군가의 희생을 갈아 넣은 산물인 셈이다.

몰랐다고 주장해도 인식하지 못하는 곳곳에서 이런 일들이 벌어지고 있다. 우리는 세탁기를 돌리는 과정에서 세제와 대량의 물을 사용한다는 것을 안다. 그런데 1kg의 의류를 세탁하는 과정에서 약 50만 개의 미세 플라스틱이 나온다는 사실은 아는가? 일반 가정의 세탁 양을 약 4kg이라고 가정하자. 수도권 970만 가구(통계청 2021년 기준)를 기준으로 계산하면 1번 세탁하는 데 약 20조 개의 미세 플라스틱이 나오며, 미세 플라스틱의 종착지는 바다이다. 세탁 과정에서 섬유가 마모되며 눈에 보이지 않는 플라스틱 조각이 떨어져 나가는 것이다. nm(나노미터) 크기의 플라스틱은 이론적으로 회수가 불가능하다. 고래의 뱃속을 채운 플라스틱은 인간의 눈에 보인다. 하지만 바닷속에는 눈에 보이지 않을 정도의 생명체가 먹이사슬 바닥에 존재한다.

세상에는 다양한 모습의 플라스틱이 존재한다. 폴리에스터 혹은 폴리에스테르라고 불리는 섬유를 알 것이다. 대부분의 옷이 면과 이 물질의 혼방이며, 폴리에스터로만 만들어진 기능성 의류도 많다. 페트병의 원료인 PET는 석유화학공업 정제 과정에서 추출되는 에틸렌과 파라자일렌을 합성해 만든다. 이것을 틀로 사출하면 페트병이 되고, 실을 뽑으면 폴리에스터 섬유가 된다. 폴리에스터는 염색도 쉽고 강도가 좋아 '꿈의 섬유'라 불리며 과거 우리나라 경제 발전의 중추 역할을 했다. 우리는 플라스틱을 입고 있는 셈이다. 청바지 1벌 생산에 약 33kg의 탄소가 배출된다. 내연기관 자동차로 약 100km를 갈 수 있는 양과 맞먹는다. 흰색 티셔츠 1장을 만드는 데 소모되는 물은 한 사람이 3년간 마시는 물의 양과 같다. 연간 천억 벌의 의류가 만들어지며, 전 세계 온실가스 배출량의 10%가 패션업계에서 나온다.

이렇게 옷이 많이 만들어지는데, 후진국은 여전히 옷이 귀하다. 뭔가 이상하다. 그 안에는 왜곡된 유통 구조와 사회문화가 깊게 자리 잡고 있다. 우리나라에서 수거된 페트병은 다른 곳에 비하면 꽤 많은 양이 재활용된다. 이렇게만 보면 우리가 뭔가 지구를 구하는 것처럼 느껴진다. 페트병으로 만든 옷이 친환경이라는 단어로 포장돼 소위 인싸템이 됐다. 저렴한 친환경 의류를 입고 바다를 청소한다는 착각을 불러일으킨다.

* * *

전 세계 중 인구 29위(통계청 2023년 기준)인 우리나라는 헌 옷 수출국 세계 5위이다. 수거함에 넣는 헌 옷의 5%가 국내 유통되고 95%는 수출된다. 개발도상국에서도 주인을 찾지 못한 의류의 40%는 쓰레기로 쌓인다. 가나, 인도나 방글라데시에 수출하는 업체에는 업체당 하루 약 40톤에 달하는 양이 들어온다. 반면 1인당 의류 구매량이 약 70개이며, 심지어 1번도 입지 않고 버려지는 옷이 10%가 넘는다고 한다. 낡아서 옷을 버리는 게 아니라 단순한 변심으로 버린다. 눈앞에 쌓이는 게 보이면 괴롭고 불편하지만 녹색 의류 수거함에 고민과 의식을 같이 넣는 것은 주저하지 않는다. 몸에 들어오는 미세 플라스틱은 걱정하면서 그 주범이 우리 자신임은 인식하지 않는다. 우리가 깨끗해지면 지구는 더러워진다.

＊ ＊ ＊

최근 공공기관이나 민간기업을 방문하며 기념품을 선물로 받은 기억이 난다. 대부분 질이 좋지 않은 저급한 물건이다. 온라인 서점에서 도서를 구매하며 받는 굿즈도 풍부해졌다. 몇천 원에 불과한 최저 균일가 매장은 싸구려 문명을 잇는 오프라인 유통 채널이다. 에코백과 텀블러, 머그잔은 친환경이란 이름이 붙은 백색 소음이 된 지 오래다. 우리는 스스로 질문할 지점에 와 있다. 일시적 쾌락 말고는 무용한 크랩에 왜 열광하고 있는 걸까. 우리는 과연 사물에 어떤 가치를 추구해야 할까? 물질에 대해 얼마나 알고 있는 것일까.

'폴리'로 시작하는 물질, 고분자 인공 화합물, 그러니까 '플라스틱'이라고 통칭하는 그 물질은 석탄의 콜타르에서 대규모로 추출하며 시작됐다. 하지만 최초의 인공 물질은 화학자들이 고래 기름을 정제시켜 얻은 것이었다. 약 150년 전에 고래는 세계적인 상품이었으며, 최초의 에너지 산업이었다. 고래의 온몸은 램프를 밝혀 인류의 밤을 책임졌고, 기계를 매끄럽게 돌렸다. 역사적 아이러니는 인공 물질의 후손 격인 폴리염화바이페닐(PCB)이 산업혁명의 동력이었던 선조의 후손 몸뚱이 안에 쌓이고 있는 것이다.

임신 중이거나 모유 수유 중인 그린란드의 이누이트 여성들에게는 흰고래 섭취를 중단하라는 강한 경고가 내려지기도 했나. 고래 고기 속에 있던 오염물이 유방에 축적되었기 때문이다. 이누이트 여성은 지구에서 발전과 성장에서 소외된 곳에 있어 산업화의 영향에서 가장 멀리 떨어져 있다. 하지만 전통적으로 고래 고기를 주식으로 삼았기 때문에 그들의 몸은 오염의 종착지가 됐다. 대체 우리는 어디까지 오염시킨 것일까. 인간이 생태계에 끼친 피해는 규모 파악도 제대로 되지 않고 있다. 피해 파악을 위해서는 과학이 발전해야 한다. 그런데 과학이 발전한다는 것은 가해할 수 있는 능력이 커지는 것과 같다. 발전하기 전에 우리가 파괴한 세상을 이해하는 데 집중해야 하지만, 아쉽게도 세상은 여전히 성장만을 위해 달려가고 있다.

우리는 왜 화석 연료에서
벗어날 수 없는가

"꼭 고급 휘발유를 써야 하나요?"

고급 자동차를 구매한 지인이 어느 날 내게 이런 질문을 했다. 최근까지 출시되는 차량의 내연기관 엔진은 온실가스 배출량을 줄이고 연비를 높이기 위한 터보차저 방식이 주류인데, 기술적 완성도가 있음에도 소비자에게 세심한 주의를 요구하기도 한다. 그는 엔진 성능을 이유로 옥탄가가 높은 연료를 사용하라는 제조사의 경고가 의아했던 모양이다. 정유사가 말하는 옥탄가는 바로 옥테인 농도로, 옥테인은 연료의 신분을 결정하는 기준이 된다. 가솔린이라고도 불리는 휘발유는 보통 두 종류의 탄화수소 화합물이 혼합된 액체 연료이다. 화학명으로는 햅테인과 옥테인이라는 탄화수소 물질이며 자세히 들여다보면 옥테인의 이성질체를 말한다.

지인은 일반 휘발유를 사용했을 경우에 엔진 노킹(Knocking)을 일으키지 않을지 걱정을 하며 질문한 것이다. 정유사별

유종 차이도 알 수 없고 옥탄가가 높은 고급유가 없는 주유소도 있으며 가격 차이도 꽤 있기 때문이다. 요즘 같은 고유가 시기에 그의 고민은 바로 연료 주입의 적정선이었다. 높은 압축비를 가지는 엔진일수록 이런 노킹 현상이 일어나기 쉬우며, 노킹 현상이 계속되면 엔진이 파손되기도 한다. 높은 압축비의 엔진에는 높은 옥테인값의 연료를 사용하는 게 맞긴 하다.

노킹 현상을 이해하려면 엔진의 작동 원리를 알아야 한다. 대부분의 가솔린 내연기관은 연료를 운동으로 변환시키는 데에 4행정 연소 사이클(Four stroke Cycle)이라고 불리는 과정을 거친다. 실린더 안에서 흡입행정(Intake)은 피스톤이 아래로 내려가면서 연료가 분사되고 실린더 내부는 가솔린과 공기로 가득 채워진다. 피스톤은 연료와 공기의 혼합물을 압축하면서 다시 올라간다.

압축은 폭발을 강력하게 만든다. 이때 점화플러그가 스파크를 일으켜 폭발한다. 가솔린은 폭발력으로 피스톤을 아래로 밀어 내린다. 피스톤이 행정의 가장 아래에 도달할 무렵 배기밸브가 열리고 배기가스가 배출한다. 이런 실린더는 엔진에 여러 개가 붙어 실린더의 직선운동을 자동차 축의 회전운동으로 바뀌게 하는 것이다. 1867년에 4행정을 고안한 니콜라우스 오토에 대한 경의를 표시하기 위해서 이것을 오토사이클이라고 부르기도 한다. 물론 디젤 엔진과 가솔린 엔진은 방식이 다르다. 디젤은 압축 자체로 폭발을 한다. 가솔린 엔진은 점화 시점과 압축 시점에 대한 타이밍이 중요하다. 이 시점에서 벗어나는 순간 뭔가 이상이 생긴다는 것을 알 수 있다.

노킹 현상은 엔진의 실린더 내부로 분사된 연료가 예정된 시점에서 벗어나 폭발을 일으켰을 때 소리와 함께 약 4~7Hz의 진동이 나는 현상이다. 진동 소리가 마치 망치로 두드리는 것 같다고 해서 붙여진 용어이다. 대표적인 원인이 혼합기가 압축되면서 온도가 상승할 경우, 점화시키기 전에 혼합기체가 바로 연소하는 '자기 점화' 또는 '조기 점화' 현상이다. 20세기 초 자동차의 기술 수준은 지금과 달랐다. 당시는 차량의 이런 행정 제어를 주로 기화기에 의존하던 시절이다. 게다가 당시 석유 정제 기술에서 연료의 높은 품질을 기대하기 어려웠다. 차량 이용자는 물론 생산자에게도 노킹 현상의 소음과 진동은 큰 고통이었다.

1921년 미국 오하이오주 제너럴모터스 연구소에 근무하던 토머스 미즐리는 화학을 산업적으로 연구하고 있었다. 그는 테트라에틸납이라는 화합물을 연구하던 중에 이 물질이 엔진의 노킹 현상을 억제할 수 있다는 사실을 알아낸다. 납 물질이 위험하다는 사실은 이미 알려져 있지만, 당시는 대부분 소비재에 납을 사용했던 시절이다. 결국 제너럴모터스와 화학 기업인 듀폰, 그리고 스탠더드 오일 사는 테트라에틸납을 대량 생산하기 위한 합작 회사까지 만든다.

당시 주유소에는 정유사별 주유기가 따로 설치되어 소비자가 연료를 선택할 수 있었는데, '에틸'이라는 이름으로 판매된 것이 이 첨가물이 들어간 휘발유였다. 배기가스에 의해 납 중독이 일어날 거라는 것은 미즐리나 제조사도 알고 있었을 것이다. 납 중독은 고대부터 인류사와 화학사에서도 잘 알려져 있다. 가볍게는 근육 경직에서 심하면 뇌 기능에 장애를 유발해 시각이나 청각 신경을 잃게 하고 사망에 이르게 한다.

그 위해성을 발견해 이유를 알 수 없는 수많은 희생자와 유연휘발유 사이를 연결한 사람은 클레어 패터슨이다. 20세기 중반 우라늄 동위원소의 반감기를 측정해 지구 나이를 계산하려 했던 그는 대부분 시료에서 고농도의 납이 검출된 사실을 알고 시대별 지질 조사를 통해 납 중독의 원인을 알아냈다. 이후 미국에 청정 대기법이 만들어졌지만 유연휘발유 판매는 1986년까지 이어졌고, 1927년부터 약 60여 년 동안 매년 약 5천 명 가량이 희생됐다. 우리나라의 경우 1993년에 들어서며 유연휘발유가 완전히 퇴출당한다. 현재는 모두 납이 없는 무연휘발유이다. 분명 첨가된 연료의 배출가스로 대기에 납 농도가 증가할 거라는 사실을 미즐리가 모를 리가 없었을 것이다. 하지만 그는 침묵했다. 대체 무엇이 그가 선을 넘게 했을까.

성공의 단맛을 본 토머스 미즐리는 과학 기술이 부를 가져다 준다고 믿고 또 다른 선을 넘게 된다. 이 일은 인류 생명 뿐만 아니라 지구 환경마저 파괴했다. 염화 플루오린화 탄소를 만든 것이다. 우리에겐 에어컨이나 냉장고에 사용하는 냉매인

'프레온가스'로 알려진 물질이다. 이 물질은 유연휘발유보다 대가가 혹독했다. 프레온가스는 이산화탄소의 온실효과와 비교해 만 배나 강하며 프레온가스량의 3만 배가 넘는 양의 오존을 파괴한다. 납과 프레온가스는 20세기 절반 이상 대기에 뿌려졌다. 물론 내연기관의 연료에 납은 사라졌지만, 폭발시 공기까지 연소시킨다. 공기의 질소, 그리고 산소, 그리고 연료의 탄소가 반응하며 에너지를 만들고 반응물을 남긴다. 세 가지 분자는 이산화탄소와 질소산화물이라는 온실가스를 만든다. 결국 후대 인류와 자연은 지금까지도 그 값에 대해 기나긴 결산을 하게 되었다.

화석 연료의 시대는 여전히 진행 중이지만 기후 변화와 함께 새로운 에너지원을 찾고 있다. 우리의 시선은 가장 먼저 '전기'와 '수소'로 향했다. 지금 과학계에서도 가장 이슈가 되는 부분이다. 재생 에너지라고 다른 에너지가 아니다. '전기 에너지'는 유효하다. 결국 에너지 문제는 전기를 만드는 발전의 방법론이라고 해도 무방하다. 전기차의 등장으로 이제 더 이상 대기에 온실가스를 뿜지 않는다고 생각한다. 푸른색의 번호판을 달면 친환경이라 생각하게 된다. 물론 전기차는 운행 중 직접적으로 온실가스 배출에 기여하지 않는다. 그런데 전기는 무엇으로 만들까.

전기 역시 석탄과 석유와 같은 시기에 등장한 에너지다. 발전의 원리는 1834년 마이클 페러데이가 발견한 전자기 유도 법칙에서 시작한다. 금속 코일에 자석이 움직이면 금속에 전류가 생긴다. 하지만 이때는 공학적 현상을 발견한 것이다. 공학은 이론이 완벽하게 설명되지 않아도 충분히 제품으로 구현할 수 있다. 1862년 전자기 방정식을 만든 제임스 클라크 맥스웰에 의해서 수학적으로 설명되며 인류 앞에 본격적인 전기 및 전자 기기가 등장했다.

본격적으로 상업용 발전기가 사용되기 시작한 시기는 1870년대 2차 산업혁명 시기다. 소위 전기혁명으로 부른다. 에디슨이 살았던 시대인 1882년, 뉴욕 발전소가 건설된 이후부터 상업용 발전이 이뤄지기 시작했다. 이때부터 직류 발전기가 사용되기 시작했다. 그리고 현재는 테슬라에 의해 만들어진 교류 발전이다.

지금의 발전소에서 만드는 전기는 3상 발전기(3 Phase Generator)로 만든다. 거대한 터빈의 바깥에는 금속 코일이 3개가 있고 안에는 거대한 자석이 돌고 있다. 그러면 위상이 서로 다른 3개의 교류 전기가 만들어진다. 전기 에너지의 문제는 전기 그 자체가 아니다. 다만 터빈을 돌리는 힘을 어디에서 얻느냐이다. 우리나라의 경우 화력과 원자력이 가장 많은 부분을 차지한다. 물론 수력이나 풍력도 있지만, 주 전력으로 사용하기에는 자연 환경이 변덕스러워 공급 안정도가 불안하다. 유럽의 특정 도시에 대한 재생 에너지 자급자족 사례로 태양광 발전이 재생 에너지의 대표가 됐다. 과학계에서도 태양광 발전의 효율을 높이기 위한 노력을 지속하고 있으며 전기를 저장하는 저장 장치, 즉 이차전지도 활발히 연구되고 있다.

＊ ＊ ＊

이 지점에서 질문이 생긴다. 정부는 온실가스 배출을 제로로 한다는 CF100(Carbon Free 100%), 그러니까 전력의 100%를 무탄소 에너지로 공급하겠다는 카드를 꺼냈는데, 화력발전소 건설이 지속되고 있는 건 어떤 연유일까. 이보다 앞서 재생 에너지(Renewable Energy)로 산업용 전력을 온전히 충당하겠다는 RE100 정책이 있었다. 이 정책은 다양한 문제를 안고 있는 원전을 탈출하는 정책으로 이어졌다. 얼핏 보면 두 정책 모두 괜찮은 선언처럼 보이지만 서로 미묘한 배반을 품고 있다. 탈원전으로 모자라는 전력 수급을 당분간 석탄이 맡아야 한다. 이유는 태양과 바람 그리고 물에 의지한 에너지만으로 도저히 기본적 수요 전력을 충당할 수 없기 때문이다.

결국 무탄소 정책으로 원자력 발전이 다시 추동력을 얻고 있다. CF100과 RE100은 상호보완적 구조가 아니라 선택적 문제가 됐다. 최근 지구와 인류를 구원할 구세주로 스마트 그리드(Smart Grid)가 등장했다. 투자에 눈 밝은 사람들은 벌써 똑똑해 보이는 전력망과 관련한 주식을 사들인다. 실제로 지금까지 선언된 모든 말들을 하나하나 보면 틀린 것이 없다. 그런데 뭔가 앞뒤가 맞지 않는 공허한 선언 같은 느낌이 든다.

그건 여기에 가장 중요한 사실이 하나 빠져있기 때문이다. 우리 문명은 전기로 유지된다는 것이다. 전기가 없다는 것을 상상할 수 없는 시대다. 만약 단전을 할 수밖에 없다는 통보가 날아온다면, 사람들은 지옥 같은 일상을 상상하며 머리가 복잡해질 것이다. 그러면 만들고 남는 전기를 저장해 필요할 때 사용하면 모든 게 해결될 것 아니냐는 질문을 할 수 있다. 하지만 전기의 고유한 특성을 이해하지 못하면 현재의 에너지 정책을 정확하게 볼 수가 없다. 전기는 전기를 만드는 발전과 전기를 사용하는 매 순간이 일치해야 한다. 안타깝게도 전기는 그 자체를 저장할 수가 없다. 그나마 남으면 다행이다. 모자라면 그 피해는 막대하다. 플랫폼 서비스가 잠시 멈추었을 때 우리의 삶이 엉망이 된 걸 기억해 보자. 계좌 이체도 할 수 없고, 결제도 할 수 없어 막대한 피해를 입었다. 산업 현장의 피해는 더 막대하다.

우리는 여전히 전기의 정체를 모른 채 문명을 떠받치는 에너지임을 망각하며 살고 있다. 전기를 만드는 터빈을 돌리는 힘을 왜 여전히 화석 연료에서 얻고 있는지 관심이 없다. 그러면서 원전을 눈앞에서 치워야 한다고 주장하고 자연을 훼손하며 태양광 발전 시설을 깔고 있다. 친환경의 푸른 배지를 단 자동차의 끝에는 화석 연료가 있었다.

스마트 그리드가 가지는 의미

과연 전기는 무엇일까. 쉽게 말하면 전자가 뭉쳐 있는 집단이다. 전자는 원자의 핵 주변에 갇혀 있는 입자다. 모든 물질은 원자로 이뤄져 있고 결국 전자 역시 모든 물질에 존재한다. 전자는 원자 혹은 분자 안에만 있는 것은 아니며, 거기에서 탈출할 수 있다. 지금도 우리 주변에 전자만으로 존재할 수도 있다. 그러다가 어디엔가 붙들리거나 도체를 만나면 흐른다. '정전기'라고 표현하는 것은 도체를 만나지 못해 이런 전자의 뭉치가 모여 움직이지 않는 상태를 말한다. 물론 눈에 보이지 않는다. 하지만 우리가 이 뭉치에 손을 대는 순간 우리 몸을 타고 빠르게 들어오는 고통으로 그 존재를 느낄 수 있다. 따끔하게 느껴지는 것은 압력 때문이다.

　보통 정전기 전류의 양은 미미할 정도로 작지만, 전압이 크기 때문에 그 힘으로 통증을 느끼는 것이다. 전력(Electric Power)은 전류(i)와 전압(V)에 비례한다($P=iV$). 그렇다면 우리가 사용하는 전기는 얼마만큼의 전자가 있어야 일상에 의미있게 사용할까? 휴대폰을 예로 들어 보자. 휴대폰 내부 전자회로는 약 5암페어(A)의 전류를 사용한다. 1A는 1초에 $6.241509074 \times 10^{18}$개의 전자가 흐르는 것으로 정의한다. 그렇다면 1초 동안 휴대폰 내부 회로를 흐르는 전기의 양을 만드는 전자의 수는 약 3.125×10^{19}개가 된다.

이 양이 어느 정도인지 감이 오질 않을 것이다. 지구에 사는 인구를 80억 명으로만 잡아도 총인구수의 39억 배 정도다. 간혹 전류가 흐른다는 표현을 하는 경우가 있는데, 전류라는 말에 흐른다는 표현이 있으므로 이 말은 '역전 앞'이란 말처럼 옳지 않은 겹말 표현이다. '전기가 흐른다'가 맞다. 그렇다면 전기가 흐른다는 의미는 무엇일까? 마치 빛처럼 전선을 타고 빠르게 흐르는 걸까? 스위치를 켜면 먼 곳에 있는 장치가 순간적으로 동작을 하니 그렇게 생각할 수도 있겠다. 그리드(Grid)는 전력망이다. 망(Network)은 그물 같다는 의미로, 전력망을 구성하는 물리적 모습의 영어 표현이다. 그물은 연결이 끊어지면 제 기능을 하지 못한다. 그러니까 발전소에서부터 끊어지지 않고 도체인 금속으로 최종 목적지인 각 가정이나 사무실 등의 전원까지 연결된 것을 그리드라고 이해하면 된다.

전력망인 그리드를 구성하는 물질은 구리(Cu)나 알루미늄(Al)같은 금속 도체이다. 전도율은 금속마다 다르다. 전자는 이 금속 도체, 전선을 타고 이동한다. 발전소에서 하는 일은 결국 전자를 생성해 그리드에 넣는 일이다. 전력망을 통해 송전하면 최종 목적지에서 전자를 사용할 수 있다. 그러다 보니 전자의 속도가 빠르다고 착각할 수 있다. 하지만 실제 전자가 움직이는 거리는 1초에 고작 몇 mm뿐이다. 이미 금속 안은 전자로 가득하기 때문이다. 금속을 이루는 원자를 탈출해 금속 덩어리 안에 존재하는 전자, 우리는 이 전자를 자유전자라 부른다.

전류에 대한 가장 최적의 비유는 아니지만, 물이 가득 찬 호스라 보면 이해가 쉽다. 이 경우 수도꼭지에서 물을 틀면 압력에 의해 아무리 멀리 있는 호스 반대편에서도 바로 물이 밀려 나오게 된다. 호스 길이가 길면 한참 걸릴 것이다. 결국 전류는 이런 원리인 셈이다. 발전소에서 만든 전자 군단을 전압으로 그리드에 밀어 넣으면 전력망에 연결된 모든 기계가 생성한 만큼의 전자 군단을 어디서든 빼내 이용할 수 있다. 전기를 만들면 어떤 수요자든 그리드에 연결해 전기를 사용하는 것이다. 전기를 공장에서 만들지만, 일반 상품처럼 실체가 있는 물건도 아니고 택배처럼 배송되는 게 아니다. 여기서 질문이 생긴다. 계속 밀어 넣으면 넘치지 않을까? 그럴 리는 없다. 그리드는 접지, 그라운드(Ground)를 통해 지각에 버려진다. 그래서 공급자는 소비 전력을 예측해 전기를 만들고 그리드에 공급하는 것이다. 수요와 공급이 일치하지 않으면 문제가 생긴다. 공급 전력이 넘치면 그만큼 낭비다. 하지만 모자라면 더 큰 문제가 생긴다.

이런 불균형으로 벌어지는 최악의 일이 단전이다. 단전은 자연재해나 전쟁 혹은 각종 물리적 사고로도 발생하지만, 일부러 그리드 일부를 단전시키는 경우가 있다. 수요는 넘쳐나는데 공급이 부족하면 공간적·지리적으로 그리드를 부분적으로 단전시켜 수요를 강제로 줄여야 한다. 부분적으로 단전하지 않으면 전력망인 그리드 전체에 문제가 생기기 때문이다. 예를 들어 보자. 고속도로를 운전하다 보면 오르막을 만난다. 이 경사를 넘기 위해 가속페달을 밟아 엔진 회전수를 늘린다. 그런데 가파른 경사가 계속되면 엔진이 견디지 못해 결국 차가 고장 난다. 단전은 전기 생산의 총량보다 수요가 많을 때 전력망 자체의 붕괴를 방지하기 위해 일부 지역의 수요를 강제로 끊는 것이다. 단전은 결국 수요로 비유되는 도로의 언덕을 낮춰 엔진 회전수인 전력 주파수를 유지하는 작업인 셈이다. 물론 이런 자발적 단전을 최대한 하지 않으려는 것이 목표다.

지금 회자하는 스마트 그리드는 이 전자 군단을 화학적 방법으로 잠시 특정 원자에 가뒀다가 필요할 때 전자를 다시 화학물질로부터 꺼내 사용하는 배터리와 이를 통제하는 정보통신을 기본으로 하고 있다. 그리고 전력망 소비자가 생산자도 될 수 있다. 지금처럼 중앙집중 방식에서 분산 방식으로 확장해 가정과 기업에서 재생 에너지로 발전설비를 갖춰 자체 충당하고, 남는 것은 저장하거나 다시 그리드로 보내겠다는 것이다. 말은 간단해 보이지만, 지속 가능한 에너지 체계로 가는 길은 멀고도 험하다. 불가능한 게 아니라 에너지 시스템 전체의 체질을 바꾸는 거대한 일이고, 오랜 시간과 자원이 필요하다.

전력망인 그리드는 전체가 하나의 기계이자 생태계이다. 전기는 발전소에서 송전탑을 거치고 전봇대에 달린 변압기를 통해 각 가정의 콘센트까지 연결된다. 이는 마치 생명체의 혈관과 같다. 이 전력망이 영리하게 바뀌려면 정보통신 기술도 필요하지만, 전력망 체질 자체도 변해야 한다. 우리가 2G폰으로 5G망을 사용하지 못하는 것에 비유할 수 있겠다. 더 중요한 것은 스마트 그리드에는 재생 에너지가 등장한다는 것이다. 그런데 전력 공급이 이런 재생 에너지만으로 가능하냐는 것이다. 우리나라의 모든 전기 문명이 원활하게 움직이는 데는 최소한의 전력 공급이 필요하다.

우리나라 경제의 주축은 수출이다. 그 수출의 원천은 바로 제조로부터 비롯한 산업이다. 제철, 자동차, 반도체, 휴대전화 등등 공장을 가동해야만 가능하다. 이런 공장은 멈출 수가 없다. 기저 전력, 즉 24시간 지속해 공급해 줘야 하는 수준이 60% 정도다. 지금은 원전과 석탄이 이것의 대부분을 충당하고 있다. 이 원천이 사라진 빈자리를 재생 에너지만으로 메울 수 있을까? 자연은 예측할 수 없어 안정적 전력 공급이 어렵다. 그렇다고 전국의 산을 밀어 태양전지 패널로 덮을 수도 없다. 스마트 그리드가 요동치는 주파수를 보완한다고 하지만 석탄과 원자력만큼 안정적으로 공급을 유지하기는 쉽지 않다. 예측하지 못하는 전류 변화가 그리드에 진입할수록 전력망에 복잡성을 만들고 여기에서 예측불허의 문제가 발생하기 때문이다.

전문가들은 미국과 유럽의 재생 에너지 사례를 들어 대한민국에 적용하는 것이 무리가 없다고 하지만, 엄밀하게 보면 미국은 그리드가 3개로 분할돼 있고 유럽은 지형적으로 각국의 그리드가 서로 연결되어 있다. 만약 한 전력망에서 공급이 부족하면 인접 그리드에서 빌려야 한다. 사례를 든 국가는 가능하지만 우리나라는 삼면이 바다이고 가까운 이웃이래야 중국과 일본 정도이다. 물리적으로야 해저케이블이 있지만 정치적·경제적으로 쉽다고 볼 수 없다. 한반도의 위로 대륙에 연결됐지만, 이 역시 쉬운 상대국이 아니다. 그래서 한 국가 안에서 하나의 스마트 그리드를 구축하는 것은 큰 의미가 없다. 그리드는 국가 경계가 사라지는 세계사적 유례없는 자원의 합의에서만 유효하다. 그리고 스마트 그리드의 핵심 부품인 에너지 저장 장치도 넘어야 할 기술적 장벽이 남아 있다. CF100과 RE100 문구 아래에서도 당분간 석탄과 원자력에 의지할 수밖에 없는 이유가 여기 있다. 그런데도 탈원전이라는 주장이 등장했다. 원전이 위험하고 후대에 부담을 유산으로 주는 것은 맞지만, 당장 탈원전을 실행할 수가 없다.

탈원전은 가능한 걸까

원전의 위험성은 어느 세대나 안다. 냉전시대를 거친 장노년층은 1986년 우크라이나 키이우 북쪽, 벨라루스 접경 지역에 위치한 체르노빌 원자력 발전소 제4호기 원자로가 폭발한 사고를 기억한다. 사고는 원자로의 설계적 결함과 안전 규정 위반, 운전 미숙 등의 원인이 복합 작용해 발생했다. 국제원자력사고 등급(INES) 최고 등급인 7단계에 해당하는 최악의 방사능 누출 사고로 기록됐다. 피해 규모는 말할 것도 없고 지금까지도 이 지역은 제한적 개방을 하고 있다. 21세기를 지나는 세대도 원전 사고의 경험이 있다. 십여 년 전 이웃 나라 일본에서 벌어진 후쿠시마 원전 폭발이다. 주원인은 과거 체르노빌 사고와 달리 지진과 쓰나미로 인한 자연재해였다. 하지만 후쿠시마의 재앙은 여전히 현재진행형이다.

일본이 사고 원전에 사용됐던 삼중수소를 더 이상 육지에 보관할 수 없어 바다에 방류하는 계획이 실행되며 원전의 위험성이 재조명됐다. "삼중수소의 바다 방류와 방사능 피해"라는 자극적인 기사는 우리나라의 '탈원전 정책'에 힘을 실었다. 삼중수소는 무엇일까. 원자는 원자핵과 전자로 이뤄져 있고, 핵에는 양성자와 중성자가 존재하며 그 양에 따라 원소로 구별된다.

수소는 원자가 맞다. 동시에 양성자이기도 하다. 원자이기도 하고 양성자라니 대체 무슨 말일까. 일반적으로 말하는 수소의 원자핵에는 중성자가 없이 양성자 1개가 있다. 심지어 전자도 없는 양성자만으로 존재하기도 한다. 자연에서 이런 형태의 수소가 99.958%이다. 이 원소를 경수소라 한다. 그런데 수소는 다른 동위원소도 있다. 경수소 원자핵에 한 개의 중성자가 더 있는 수소가 중수소이다. 그리고 두 개의 중성자를 가진 수소 동위원소도 있는데, 이 원자가 삼중수소이다. 원전에서 핵분열 반응을 감속하기 위해 삼중수소를 사용한다. 그 안에 있는 중성자를 사용하기 때문에 중성자가 많을수록 좋다. 대신 삼중수소는 불안정해서 핵 안의 중성자가 양성자로 바뀌며 전자를 덤으로 내놓고 헬륨으로 변한다. 이 현상은 핵붕괴의 일종으로 베타붕괴라고 한다. 이 과정에서 베타 방사선을 방출한다. 이 물질을 중심으로 죽음의 바다라고까지 언급하며 공포로 몰아가기도 하고, 다른 한편으로는 방사능 수치가 안전하다고도 한다. 대체 진실은 무엇일까.

과학은 수학의 언어이기도 하니 숫자로 계산해 보면 알 수 있다. 일본은 125만 톤의 오염수를 400배로 희석해 방류 허용

기준 이하인 L당 1,500베크렐로 낮춘 5억 톤의 오염수를 30년에 걸쳐 방류하겠다는 주장이다. 이 수치는 안전한 걸까? 예를 들어 보자. 콩은 단백질과 칼륨이 풍부하게 들어 있는 건강식품이다. 그런데 콩에 있는 칼륨의 극미량(0.012%)은 방사성동위원소인 칼륨-40이다. 게다가 칼륨-40의 방사능은 삼중수소보다 340배 크다. 커피도 콩의 한 종류이니 커피 공화국에 사는 우리는 이미 무의식적으로 방사성 물질이 있는 음료를 별생각 없이 마시고 있었던 셈이다.

커피를 예로 들었을 뿐 방사성 물질은 우리 주변에서도 흔히 접할 수 있다. 국제보건기구가 정한 삼중수소 음용수의 기준치는 리터당 1만 베크렐이다. 게다가 12.3년의 반감기를 갖는 삼중수소는 약 12년마다 방사선량이 절반으로 줄어든다. 열역학 제2법칙에 따라 고립계에서 엔트로피는 증가하는 것이라서, 400배로 희석된 오염수가 태평양에 퍼지면 다시 원래대로 모일 일은 절대 없다. 일본의 계획은 인체나 환경에 피해를 주지 않는 조건으로 양을 줄이는 방법이고 이 방법은 이미 오염을 방제하는 일반적인 기술로 사용되고 있다.

이론적으로는 반박할 수 없는 사실이지만 여기에는 맹점이 있다. 일본의 오염수 방출에 유독 '삼중수소'만을 지목해 모든 것을 설득하려는 태도가 그것이고 또 한편으로는 오염수가 끝이 아니란 것이다. 일본의 원전 오염수 처리 장치 알프스(ALPS)는 유럽의 청정지역을 대표하는 산악줄기의 이름에서 따온 명칭이다. 오염수 정화는 물에 있는 오염 물질을 종류별로 걸러내야 한다. 가령 물속에 녹아있는 스트론튬-90, 세슘-137 등 62종의 양전하를 가진 이온성 핵종은 전기적 특성으로 걸러내 방류 허용 국제 기준을 맞출 수 있다. 그런데 삼중수소를 포함해 전기적 극성이 없어서 걸러지지 않고 희석되는 방사성 핵종이 12종이나 더 있다. 삼중수는 정상적인 물과 구분조차 안 된다. 이 때문에 삼중수소가 논란의 중심에 있는 것이다.

후쿠시마 원전 사고는 과거 소련의 체르노빌 사고와 같은 수준인 7급 사고이다. 도쿄 전력 정전으로 냉각설비가 마비되며 핵연료봉이 녹아내렸고 사람이 즉사할 수 있는 고선량의 방사성 물질이 지하수와 만나게 됐다. 후쿠시마 원전이 지하수가 풍부한 지역에 있는 것도 자연과 인류에게 불운이었다. 그들이 12년이라 주장하는 반감기도 삼중수소일 뿐 나머지 11종의 핵종 중에는 반감기가 수백, 수천 년에 달하는 것도 있다. 일본은 40년 안에 폐로 작업을 마무리한다고 하지만, 880톤에 달하는 핵연료 잔해는 12년이 지난 지금도 인간은 물론 로봇도 가까이할 수 없을 정도니, 폐로는 요원해 보인다. 우리가 고민해야 하는 오염수 문제의 핵심은 방류만이 아니라 원전 폐로 전까지 녹아내린 핵연료가 오염수를 계속 만들어 낸다는 사실에 있다. 오염수는 과거형도 아니고 현재형도 아니라 현재진행형이자 미래시제이다.

피폭 허용치를 연간 1밀리시버트 이하라고 정했지만, 이

기준치는 사회적 합의의 산물이다. 정부가 책임을 지는 마지노선이지 과학적으로 통계를 낸 적도 없고 의학적인 안전 수치라고 보기도 힘들다. 처리수의 방사성 핵종은 희석되었을 뿐 사라지는 것은 아니기 때문이다. 광활한 바다를 돌며 생태계에 어떤 영향을 줄지 장담할 수 없다. 숫자를 앞세우며 처리수가 안전하다고 말하지만, 수산물을 마음 놓고 먹기 쉽지 않다. 지금까지 방사선 피폭으로 인한 질병과 생태계 파괴를 경험했기 때문이다.

정말 해양 방류 말고는 방법이 없을까? '알프스'를 거친 처리수를 극초저온으로 고형화해 지하에 묻거나 수증기로 만들어 원자 상태로 증발시켜 우주로 보내는 방법도 있다. 물론 비용은 수백, 수천억 엔이 든다. 이에 반해 해양 방류는 단 34억 엔이다. 모든 것을 알고 있으면서도 이렇게 감추고 서두르는 이유는 과연 무엇일까. 자연과 생태계가 오염되리란 사실을 알면서도 오염수 처리를 경제성이라는 저울에 올렸다.

자국에서도 신뢰를 얻지 못한 일본 정부는 반일 감정을 정치적 도구로 삼아 거꾸로 일본 국내의 지지를 끌어내려 하는지도 모르겠다. 종국에는 국내외 여론이 좋지 않자 오염수 저장 탱크 23기를 증설하겠다고 했지만, 그렇게 해도 3만 톤을 추가 보관할 정도이며 방류 시점을 5개월 지연했던 것뿐이다. 이제 그 한계점에 다다르자 방류를 실행했다. 언론도 더는 삼중수소의 과학적 안정성만으로 국민을 흔들며 정부의 외교적 부족함을 메우려 하면 안 된다. 사안의 핵심은 삼중수소의 이해는 물론 피폭 수치도 아니다. 국민이 안전할 것이냐는 질문에 대한 답이 있어야 한다.

늘 과학적인 관점에서 오염수 방출을 논의하려 든다. 하지만 과학적이란 말은 논점을 흐리게 하는 수단으로 악용될 수 있다. 과학적이란 의미는 객관적 데이터에 근거해야 한다. 하지만 지금 객관적 데이터는 없다. 이론과 예측, 그리고 일본 정부의 주장만 있을 뿐이다. 따라서 문제는 과학적이냐 아니냐가 아니고, 일본 정부를 신뢰할 수 있는지를 질문하는 것이 먼저다. 그 배경에 과학적 증거가 필요할 뿐이다. 그보다 더 중요한 것은 왜 생명이 살고 있는 곳에, 그리고 전 지구가 연결된 바다에 방사성 오염수를 왜 버려야 하는가다. 어째서 인류는 늘 바다를 쓰레기통으로만 생각하는가를 먼저 질문해야 한다. 오염수는 분명 더 많아질 것이다. 자연에서는 항상 많은 양이 많은 일을 하게 돼 있다. 유명한 연금술사인 파라켈수스의 말이 떠오른다. "모든 것은 독이며, 독이 없는 것은 존재하지 않는다. 독의 유무를 정하는 것은 오직 용량뿐이다."

집단적 의식을 공유하면 위험해지는 것이 있다. 이익도 손해도 공평해지면 죄의식이 덜해지기 때문이다. 남들은 안 하는데 나만 변한다고 세상이 바뀔 것 같지 않다. 우리는 조금도 걱정하지 않고 끓는 솥 안으로 미끄러지고 있었던 것이다. 지구에서 인간이 살지 못한다는 가능성을 생각하지 않게 된다. 어떻게든 잘 될 거라고 믿지만, 이건 낙관으로 포장된 소망일 뿐이다. 이렇게 되면 앞으로 무슨 일이 벌어질지를 생각하지 않게 된다. 지금 존재하는 모든 것들이 거꾸로 뒤집힐지도 모르는데도 말이다. 팬데믹은 물론 전 지구적으로 나타나는 기후 현상의 원인은 쉽게 요약되거나 일반화되지 않는다. 다만 쌓여가는 쓰레기를 보며 무언가를 망가뜨리는 원심력이 점점 강해지고 있다는 불안감은 분명해진다. 그럼에도 지구적 미래를 호소하는 문구 아래에서는 덤덤한 얼굴만 보인다. 어쩌면 무심함이 이 전쟁 같은 시절을 버티는 데 최선일지도 모른다고 생각하는 걸까.

* * *

최근 AI가 붐이다. 그런데 AI 모델 하나를 만들기 위해 막대한 전기 에너지가 들어가는 것에는 아무도 관심이 없다. 전기는 앞으로 더 필요할 것이고, 재생 에너지만으로는 공급이 부족하며, 원전의 스위치와 석탄에 붙은 불도 꺼야 한다. 어떤 선택이든 불편과 희생을 받아들여야 한다. 그럼에도 어떠한 행동도 뚜렷하게 보이지 않는다. 최근 기후 변화를 보고 너무 늦었다는 생각이 드는 게 기우로 그치길 바랄 뿐이다.

도심에서는 변압기가 달린 전봇대를 볼 수가 없다. 그리드의 일부를 흉물인 양 눈앞에서 치워 버렸다. 눈에서 멀어지면 마음마저 멀어지는 게 당연한 모양이다. 지구와 얽혀 있는 인류 운명의 실체를 인식조차 하려 들지 않는다. 전기는 여태까지 생산 비용에도 미치지 못하는 비용을 지불하고 성장이라는 핑계로 마음껏 누려 온 자원이다.

미래의 에너지 체계로 가기 위해서는 막대한 비용을 치러야 한다. 그런데도 전력 인프라를 갖추기 위해 전기료를 올리면 기업도 개인도 불편을 호소하고 집 마당에 발전소를 세우려 하면 더욱 저항한다. 바로 님비(NIMBY)의 태도다. 정부는 모든 소리를 들어 주는 듯하지만, 문제를 피해다니기만 한다. 그리드의 본질을 파악하지 못하고 국민을 설득하지도 못하고 있다. 그런데 우리는 설득당할 자세는 된 걸까. 에너지에 '지속 가능한' 이란 수식을 붙이는 건 정부만의 몫은 아닐 것이다. 원전은 후대에 막대한 피해를 줄지도 모르지만, 우리는 원전을 당분간, 어쩌면 더 오랫동안 사용해야 할지도 모른다.

삶과 직결된 에너지원, 수소

극단적인 표현이긴 하지만 물리학은 수소 외의 원자에는 관심이 없다. 그중에서도 원자 핵을 구성하는 입자를 연구하는 분야는 더욱 그러하다. 그들은 원자를 더 쪼개는 연구에 관심을 둔다. 수소가 화학에서만 원동력이 된 것은 아니다. 현대물리학과 고전물리학의 경계인 양자역학도 결국 수소원자에서 출발했다. 원자는 화학에서 더 이상 쪼개질 수 없는 단위, 물질의 성질을 규정하는 질적 입자의 단위이다. 하지만 물리학은 물질 존재의 이유를 원자보다 더 작은 단위에서 파고들어 간다.

물리학을 공부한 대부분은 '입자 표준 모형'이란 말을 알 것이다. 물리학자들은 화학에서 최소 단위로 정의한 원자 핵도 더 작은 입자들과 힘의 근원으로 존재한다는 것을 알아내고 이름을 붙였다. 화학에서도 이런 입자의 존재를 인정하지만 이런 소립자에 그다지 관심이 없다. 물질의 성질을 규정할 수 있는 원자라는 단위까지만 의미가 있기 때문이다. 물론 최근에는 과학 분야별 학문의 경계가 흐릿하다. 물리학에서도 고체물리와 같은 분야에서 원자 집단, 분자 단위의 신소재를 연구한다. 어찌 보면 화학의 영역이라고 볼 수 있다. 응집물리나 통계물리학에서 원자 집단의 운동에 대해 다루기도 한다. 신소재나 재료 등 공학계열에서도 이런 연구가 활발하다. 물리와 화학의 경계를 넘어 여러 분야가 물질에 다양한 시선을 가지고 들여다보고 있는 셈이다.

물리학에서 표준 모형은 소립자를 다룬다. 정확히 표현하면 표준 모형은 자연계에서 밝혀진 기본입자들과 중력을 제외한 힘, 강력과 약력 그리고 전자기력을 다루는 게이지 이론(Gauge Theory)이다. 주로 양자장론이다. 그래서 입자 물리학에서는 극적으로 표현해 수소 이외에는 관심이 없다고 표현한 것이다. 양성자와 중성자, 전자로 이루어진 가장 작은 입자가 바로 수소이다. 인류가 수소의 존재를 제대로 알아낸 것, 사실 그 자체가 큰 사건이다.

지금이야 천문학과 물리학, 그리고 역사학에서 거인들의 도움으로 우주의 탄생(Big Bang)과 거대한 역사(Big History) 중 수소가 얼마나 위대한 일을 해냈는지 잘 알고 있다. 만물의 우리가 보고 만지고 느끼는 모든 물질은 수소로 출발했다. 그러다 보니 우주와 태양계는 물론 지구에도 풍부한 물질이다. 물론 지구와 우주에서의 수소 분포도는 다르다. 우주의 경우 우주 전체 질량의 약 75%를 차지할 정도로 많다. 그다음이 헬륨

(He)이며 24%를 차지한다. 주기율표의 나머지 116개 다른 원소들을 모두 합쳐도 2%가 채 되지 않는다.

그런데 지구라는 행성은 사뭇 다르다. 지구 내부 핵을 채운 철(Fe)이 가장 많고 지각을 이루는 산화규소, 즉 산소와 규소가 많다. 수소는 원소 질량의 약 0.15%를 차지한다. 가벼워서 얼마 안 될 것 같지만 존재 비율로는 지구상에서 아홉 번째로 풍부한 원소이다. 하지만 수소원자를 직접 만나기는 쉽지 않다. 지구 대기에서는 미량의 수소가스로 존재하고 대부분 수소는 물질에 붙어 있다. 지구를 3분의 2 가량 덮고 있는 바다 물질 구성비의 3분의 2가 수소다. 생명체를 비롯한 화석 연료는 탄화수소와 같은 다양한 유기 화합물이다. 이 물질을 이룬 탄소 분자 뼈대를 온통 수소가 둘러싸고 있으며, 지각과 맨틀의 일부 광물에 미량으로 존재한다. 이렇게 수소는 대부분 다른 물질과 결합되어 있다. 가스 혹은 기체로 존재하는 수소는 가벼워 중력을 이기고 대기 상층부에 머물거나 우주로 사라진다.

이렇게 꼭꼭 숨어 있어서일까. 인류는 수소를 쉽게 찾지 못했다. 수소는 우주의 시작부터 존재했지만, 인류가 그 정체를 알고 이름을 붙인지는 이제 겨우 200년 남짓이다. 수소가 처음 인류 앞에 노출된 시기는 연금술이 발전했을 때다. 15세기 파라켈수스가 금속이 산에 녹을 때 방출한 기체를 발견했지만, 이산화탄소와 혼동해 정체는 더 이상 밝혀지지 않았다. 수소를 처음 발견한 사람은 영국의 헨리 캐번디시이다. 그 역시

1766년에 수소의 존재를 확인했을 뿐, 수소의 성질까지 규명하지는 못했다.

이후 수소의 성질 등 정체를 명확히 알아낸 과학자는 '근대 화학의 아버지'라 불리는 프랑스의 앙투안 라부아지에이다. 그는 물을 분해하여 수소를 얻는 데 성공했다. 심지어 수소를 태워 산소와 결합시켜 물을 만들 수 있다는 사실도 밝혀냈다. 수소의 영어 이름인 하이드로젠(Hydrogen)은 그리스어로 '물(Hydro)을 만들어 낸다(Gennao)'는 의미에서 유래했다.

수소는 물리학 발전에서도 핵심 재료였다. 덴마크의 이론 물리학자 닐스 보어는 1913년 영국 학술지 〈철학 매거진(Philosophical Magazine)〉에 '원자와 분자의 구조에 대하여(1부)'라는 제목의 논문을 실었다. 그리고 같은 제목의 3부까지 전체 70여 쪽의 방대한 논문을 발표한다. 보어는 당시까지 알려진 실험 데이터와 이론, 그리고 그의 통찰력을 더해 오늘날에도 물리학 교과서에서 볼 수 있는 '보어의 원자 모형'을 제안했다. 논문 1부에 등장한 수소원자 모형이 보어의 기념비적인 업적이 된다.

사실 원자모형은 1903년에 조지프 존 톰슨이 먼저 발표했다. 톰슨의 원자는 양이온 입자가 퍼져 있는 공간을 음이온인 작은 전자 입자가 분주하게 돌아다니는 모습이었다. 소위 '건포도 푸딩(Plum Pudding)'으로 불리는 모형이다. 보어와 같은 대학에 있던 어니스트 러더퍼드는 이 모형을 깨뜨린다. 방사성 원소인 라듐에서 방출된 알파선(헬륨이온)을 금박에 투과시키는 실험을 하다가 알파선이 튕겨 나오는 현상으로 양성자가 모여있는 입자 뭉치, 즉 핵을 발견하게 된다.

보어는 이 기반 위에서 연구했다. 보어의 연구는 원자에서 관찰되는 스펙트럼을 해석하려는 시도였다. 원자에 에너지를 주면 원자로부터 연속적인 파장의 빛이 아닌 특정 파장의 빛만 나왔던 것이다. 보어는 이를 전자의 움직임과 연관시켜 설명할 수 있음을 직감했다. 그러니까 전자는 특정한 에너지 상태로만 존재할 수 있기 때문에 연속적인 값이 아니라 불연속적인, 다시 말해 양자화된 상태에서 다른 상태로 이동하며 그 에너지 차이만큼의 빛(광자)을 내보내거나 흡수한다는 것이다. 보어가 모형을 만드는데 결정적인 기여를 한 스펙트럼 데이터는 발머 계열(Balmer Series), 라이먼 계열(Lyman Series), 파셴 계열(Paschen Series)로 불리는 수소원자 방출 스펙트럼이다.

보어는 수소원자 스펙트럼을 예측하긴 했지만, 그 의미는 몰랐다. 대신 보어는 다른 능력 있는 연구자들을 보살피고 그들의 재능을 발휘할 수 있는 환경을 만들었다. 그중 가장 큰 수혜를 받은 인물이 베르너 하이젠베르크다. 이들은 코펜하겐의 물리학연구소에서 서로 토론하며 현대 양자역학의 토대가 된 '행렬역학'과 '불확정성 원리'를 발견하게 된다. 에르빈 슈뢰딩거가 발견한 '파동역학'은 하이젠베르크의 행렬역학과 같은 내용으로 밝혀진다. 이렇듯 수소 발견과 연구는 화학과 물리학의 역사 그 자체였다.

물론 수소를 이용한 인류의 흔적은 다른 분야의 역사에도 남아 있다. 수소 기체의 가벼움은 날개를 가지지 못한 인류에게 비행이라는 꿈을 실현하게 했다. 1930년대 독일의 항공사 제플린은 수소를 부력으로 하는 수소 비행선 '힌데부르크'를 만들어 유럽과 미국을 오가는 노선을 개항했다. 하지만 독일 프랑크푸르트를 출발한 비행선은 미국 뉴저지주의 레이크 허스트 국제 공항에 착륙을 시도하던 중 폭발한다. 승객 36명이 사망한 대형 사고였다. 이 장면이 영상으로 전송되어 이때 이후로 수소 기체가 위험하다는 인식이 생겼고, 더 이상 수소를 이용한 비행기는 개발되지 않았다. 이 폭발력은 이후 엔진 개발과 어뢰에 활용됐다.

수소폭탄은 핵융합 에너지를 응용한 것이다. 우라늄과 같은 거대한 원자도 아니고 작은 수소 원자의 핵들이 결합해봐야 헬륨 핵이 되는 것뿐이다. 이것이 뭐 그리 대단할 것 같지 않지만, 여기에 아인슈타인의 질량 에너지 등가 법칙($E=mc^2$)이 등장하며 얘기가 달라진다.

수소 핵, 즉 양성자 4개가 결합하며 2개의 양성자와 2개의 중성자로 구성된 1개의 헬륨 핵을 만든다. 그런데 핵의 결합 후 미미한 질량의 차이가 생긴다. 수소 양성자 4개의 원자량은 4.032이다. 그런데 헬륨의 원자량은 4.003이다. 아주 미미하게 질량이 줄어들었다. 하지만 방정식에는 빛의 속도(c)의 제곱이 곱해진다. 1초에 30만 km의 속도가 제곱되면 그만큼 가

속도가 붙는다. 실로 아주 작은 질량도 빛의 속도 제곱에 비례해 가속도가 붙으면 엄청난 에너지가 된다. 이 방정식은 물질이 곧 에너지로 변환될 수 있는 공식인 셈이다. 그래서 이 방정식을 '질량-에너지 등가'라 부른다.

이런 일은 자연에서 쉽게 볼 수 있는 현상이다. 바로 우주에 있는 모든 별은 그 내부에 핵융합 엔진이 있다. 하지만 인류는 제대로 통제도 못하는 수소를 가지고 전쟁에 사용할 목적으로 폭탄을 만들었다. 물론 핵융합을 하려 해도 쉽지 않다. 2개의 핵을 가까이 하려면 같은 전하를 가진 양성자 입자의 반발력을 이겨낼 수 있는 더 강한 힘이 필요하다. 그래서 수소폭탄의 뇌관은 핵분열 에너지, 그러니까 우리가 알고 있는 일반적인 핵폭탄이 사용된다. 폭탄까지는 아니어도 수소를 다루는 일은 어렵다. 수소를 폭발시키는 방식은 많은 에너지가 필요해 연료를 지나치게 많이 사용한다는 단점이 있다. 게다가 밀도를 높이기 위해 액화를 시키려면 섭씨 -253도를 유지해야 하는데 이 또한 만만치 않은 기술이다. 수소는 정말 다루기 까다로운 물질이다.

그래서인지 우리는 한동안 수소를 잊고 살았다. 최근 기후변화와 에너지 문제로 수소가 과학의 범위가 아닌 다른 영역에서 등장한다. 바로 경제학과 게다가 정치에서 수소에 관해 논의하기 시작했다. 수소물질을 과학의 범위를 넘어 우리 삶과 직결된 문제로 인식한 것이다. 수소의 가장 큰 특성 중 하나는 산소와 결합하면 전기가 발생하는데 반응이 끝난 생성물은 물이다. 에너지를 얻고 온실가스를 방출하지 않는 것은 물론 자연 물질인 물을 생성하는 기적의 연료인 셈이다. 제2차 세계대전이 한창이던 1942년, 독일의 사업가 루돌프 에렌이 수소를 에너지로 활용하는 잠수함과 어뢰를 발명한 이유는 궤적을 남기지 않는다는 것이었다. 수소를 에너지로 활용하고 남는 부산물은 물밖에 없다. 다른 어뢰는 물속에서 기체가 뿜는 기포가 발생하는데, 수소 어뢰 부산물은 궤적을 남기지 않았다.

수소를 통해 전기 에너지를 발생시키는 방법은 오래전부터 있었다. 1839년에 영국 윌리엄 로버트 그로브는 연료전지 안에서 수소와 산소를 결합해 전기 에너지를 만드는 방식인 '그로브 전지(Grove Cell)'를 발명했다. 최근 부각된 연료전지(Fuel Cell)의 시작이다. 그동안 연료전지에 관심이 없었던 이유는 간단하다. 지각을 파내면 여기저기 널려 있는 화석 연료로 에너지를 얻는 것이 훨씬 더 편했던 인류는 수소를 외면했다. 성장과 효율 측면에서 수소 에너지는 장애물일 뿐이었지만 이제 다시 수소를 찾게 됐다.

소설을 읽다 보면 이런 상황을 예측한 작가들도 있다. 과거 SF 소설에서의 미래는 현 인류가 살고 있는 지금이다. 영화 〈블레이드 러너〉 오리지널의 배경은 2019년이다. 이런 소설들을 읽으면 소름이 돋을 때가 있다. 현대 문명의 여러 이기와 병폐들을 예측한 작품이 많기 때문이다. 150년 전에 프랑스의 SF

소설가 쥘 베른은 《신비의 섬》이라는 소설을 썼다. 여기에 등장하는 인물들의 대화에 흥미로운 부분이 있다. 향후 인류 문명에 필요한 에너지는 물로부터 추출하는 수소에서 얻는 날이 올 것이라 예언한 것이다. 지금 우리가 그러하고 있지 않은가.

탐험의 끝은
모든 것의 출발점에 도착하는 것

수소를 모르는 사람은 거의 없다. 하지만 수소 중심의 내러티브를 제대로 알고 있는 사람은 많지 않다. 그런데도 세상은 온통 수소 이야기다. 어딜 가도 수소 생태계는 생명이 숨 쉬는 바다와 녹음처럼 청록색으로 그려진다. 내가 하려고 하는 이야기는 우리 사회가 합의한 내용을 거스르려는 게 아니다. 진실을 전달하려는 것이다. 내러티브를 알고 어떤 교훈을 얻을지는 본인이 스스로 알아내야 한다. 지구를 푸르게 덮기 위해서는 짙게 깔린 무채색을 걷어내는 과정이 필요하기 때문이다.

우리는 수소의 풍부함을 배웠다. 지구에서 광활한 바다의 3분의 2가 수소이고 물의 화학식이 H_2O라는 것은 초등학생도 안다. 별이 수소 핵융합으로 몸을 불리는 것도 안다. 그만큼 현재 인류는 수소에 대해 잘 알고 있다. 그 과정에서 막대한 에너지가 만들어진다는 것도 안다. 하지만 어느 순간 통제가 어려운 수소에 대한 내러티브를 멈췄다.

3억 5천만 년 전 지구가 태양 에너지를 가둔 물질을 18세기에 꺼내 열 에너지로 바꿨다. 이런 '자연의 비밀'을 캐낸 사건이 산업혁명이다. 산업혁명 인프라는 화석 연료 기반 위에 설계됐고, 가치사슬을 수직적으로 통합해 운용할 자본 기업이 등장하며 효율과 이익만을 추구하는 신자유주의 경제로 나아갔다. 근시안을 가진 인류에게 지구적 미래를 위한 장기적 안목과 투자는 사라졌다. 지각에 있던 탄소를 있는 대로 꺼내 성장의 재료로 사용했다. 연일 넘쳐나는 일회용품과 온실가스를 지구에 쏟아냈다.

그로 인해 인류는 기후 위기에 직면했다. 이제 인류는 1.5라는 숫자 아래에서 다시 수소로 눈을 돌렸다. 민주주의와 자본주의 체제를 통과한 인류는 수소를 정치와 경제 프레임에 넣기 시작했다. 수소는 권력이자 돈이 됐다. 에너지를 얻는 과정에서 온실가스를 배출하지 않는다는 이유로 수소는 '친환경'이라는 이름표를 달았다. '지속 가능한' 인류의 삶을 위해 수소를 다루는 모든 행위는 구원의 행동이자 선언이 됐다. 물론 수소 경제는 사람들을 계몽해 기후 변화에 대한 근원적 고민을 해결하려는 중이다.

이렇게 수소는 다시 사람들 곁으로 왔다. 곳곳에서 수소 이야기가 들린다. 연료전지를 비롯해 기업들이 수소 영역에 진입하고 관련 주식이 들썩인다. 지자체는 도시 운영에 수소를 도입하겠다고 하고, 정치권이나 지자체도 수소를 가만히 놔두지 않을 듯하다. 수소는 몸살을 앓을 지경이다.

우리는 수소의 탄생과 소멸이라는 거대한 흐름을 관통하는 맥락을 짚어야 한다. 그 맥락에는 수소 생산은 물론 저장과 유통, 그리고 통제와 활용이 얽혀 존재한다. 수소는 화석 연료와 근본적으로 다르다. 물질과 결합해 있는 수소를 꺼내야만 재료가 된다. 수소 생산 방식에 그레이, 블루, 그린이라는 이름표가 붙는데, 지금은 화석 연료를 이용해 개질하거나 화학 산업 과정에서 발생하는 부생수소이므로 온실가스와 크게 다르지 않은 그레이수소다.

게다가 우리나라는 수소를 대부분 수입에 의존하고 있으며, 장기적으로도 수입 의존도가 높은 상황이다. 태양과 바람을 이용해 수소를 꺼내 블루와 그린 구역으로 가야 하지만, 지금은 생산 비용이 수소로 얻는 이득보다 크다. 수소는 간단하지만 다루기 까다로운 물질이다. 가벼워 가두기 어렵고 반응성이 좋아 일정량이 모이면 폭발한다. 최근 수소와 함께 암모니아물질이 부각되는 이유는 수소 운송 때문이다. 결국, 블루 또는 그린 수소를 생산해도 저장하고 유통하기 위한 공급망을 구축하는 일은 그리 쉬운 일이 아니다.

앞서 말했듯 우리는 달의 앞면만 볼 뿐, 뒷면에 어떤 일이 있는지 모른다. 수소 완성차와 연료전지 기술은 한국이 앞섰지만, 이건 내러티브의 전체가 아닌 부분일 뿐이다. 수소 경제는 당장 거리에 수소차를 몇 대 더 굴릴 수 있느냐로 판가름이 나는 경제전쟁이 아니다. 연료전지는 일종의 발전기다. 수소 경제 시대에는 모든 사람이 소비자인 동시에 잠재적인 에너지 공급 자가 될 수 있다. 지금처럼 중앙집중형 그리드가 아닌 분산형, 지능형 전력망에서 연료전지는 핵심이 될 수 있다.[1] 아니 반드시 돼야 한다. 태양이나 바람 등 자연에만 의존하는 재생 에너지로는 스마트 그리드가 어렵기 때문이다.

변화무쌍한 자연으로 인한 에너지 변화가 그리드에 진입할수록 전력망에 복잡성을 만들고 여기에서 예측불허의 문제가 발생한다. 그런데 수소 경제의 대표적 저자 제레미 리프킨은 자신의 저서 《수소 혁명》에서 인터넷 통신망에 비견되는 수소 에너지망(HEW)이라는 분산적 시스템의 개념을 제시했다. 저렴한 수소 에너지는 제3세계를 빈곤의 굴레에서 벗어나게 하여 세계 권력 구조의 재편을 가져올 것이라고 주장했다. 인류 역사상 처음으로 '민주적인' 에너지 권력시대에 들어설 수 있으리라 장담한다.

이런 내러티브가 불가능한 것도 아니지만, 쉽지 않은 이야기다. 생산부터 공급망까지 선결돼야 하고, 에너지 시스템 전체의 체질을 바꾸는 거대한 일이며, 시간과 자원이 필요하다는

---

1   중앙집중형은 발전 설비에서 소비자까지 전력을 분배하는 것이고, 분산형은
    소비자도 전력을 생산하고 저장해 중앙집중의 부담을 덜게 하는 방식이다.
    분산형에서는 통신을 해 전체 전력망을 조절하는 지능적 기능이 필수다.

것을 알아야 한다. 낙관적일 수만은 없다는 얘기다. 인류가 지속되지 않는 조건에서 진입한 행운은 그저 운명일 뿐이다.

＊ ＊ ＊

다시 화학으로 돌아가 보자. 수소를 에너지로만 보는 관점에서 벗어나 지속 가능한 지구를 위해 조금 더 현실적인 시도를 하는 사례를 보자. 철강산업에 화석 연료를 사용하는 것은 더 이상 비밀이 아니다. 철광석을 녹이고 석탄을 사용해 순수한 철을 얻고 이산화탄소를 부산물로 꺼낸다. 어디든 화석 에너지를 쓰게 되면 온실가스 배출이 기본이니 놀랄 일도 아니다. 하지만 제철산업은 세계 이산화탄소 배출량의 약 8%를 차지한다. 그래서 철강업계에 '수소 환원 제철 기술'이 최대 이슈로 떠올랐다. 여기서 '환원'은 대체 무엇이고 수소로 어떻게 한다는 것일까.

특별한 사건과 인물에 관한 기록이 별로 없는 인류 문명은 물질과 연계해 설명되곤 한다. 돌을 다루던 석기시대와 구리와 주석 합금이 채워진 청동기, 그리고 철기시대를 거치며 비로소 우리가 알고 있는 문명으로 넘어간다. 박물관의 초입부는 대부분 이런 물질의 연대기로 인류 문명을 짐작해 구분했다. 분명 청동기시대보다 철기가 훨씬 나중에 등장했음에도 박물관에는 철기 유물을 쉽게 찾아 볼 수가 없다.

학창 시절 외웠던 지구의 원소별 분포량은 지금도 생각난다. '오씨알페카나크마O-Si-Al-Fe-Ca-Na-K-Mg'가 머릿속에서 떠나지 않는다. 철은 지각 중량의 5%를 차지하며, 금속 중에서는 알루미늄에 이어 두 번째로 많다. 이렇게 지각을 구성하는 원소별로 중량 비율을 나타낸 값을 클라크 수(Clarke Number)라고 한다. 미국의 지질학자인 프랭크 위걸즈워스 클라크가 지각을 포함하여 해수 및 대기 중에 함유된 원소들을 중량 비율로 표현한 것이다. 이렇게 철이 풍부한데도 순수한 철로 만든 유물이 남아 있지 않은 이유는 녹으로 대부분 사라졌기 때문이다. 그나마 남아 있는 것들은 다른 금속이 들어가 녹을 지연시킨 것이다.

녹은 금속의 화학적 반응에서 가장 일반적인 현상이다. 대부분 금속은 녹이 슬며 각각의 녹은 고유한 색과 성질을 띤다. 가령 칼슘은 흰색의 녹이 슨다. 구리는 녹색이고 스칸듐은 분홍색이다. 천체 망원경으로 화성을 보면 화성이 약간 붉게 보이는데, 이 색은 화성의 지각에 풍부한 철 때문이다. 철의 녹은 붉은색을 띤다. 철보다 풍부하지만 순수한 물질로 꺼내기 쉽지 않았던 알루미늄은 녹의 색을 규정하기 힘들다. 녹이 스는 과정은 금속마다 다르다. 알루미늄은 산소와 순식간에 결합해 표면을 원자층으로 코팅해 버린다. 이 코팅층이 녹이다. 녹의 두께라고 해야 원자 수백에서 수만 층에 불과하지만, 산소는 녹을 파고들지 못한다. 이 정도 층이면 투명해 보이기 때문에 녹인지 모를 뿐이다. 알루미늄이 제련이 까다로웠던 것도 바로

1장 ✛ 공생

산소와 결합하는 능력 때문이다.

녹이 슨다는 것은 원래 금속이 가진 전자를 뺏기는 현상이다. 금속과 산소가 만나 전자를 뺏기는 화학반응이 '산화' 반응이고, 금속은 녹이 슨다. 녹은 적당한 환경만 되면 금속을 무차별하게 파괴한다. 특히 철은 다른 금속과 달리 녹이 스는 속도가 독보적으로 느리다. 그렇다 보니 영원히 녹이 슬지 않을 것처럼 보이기도 한다. 인류 문명이 이렇게 믿을 수 없는 물질에 지금까지 의지한 채 지속되고 있는 것이 신기할 따름이다.

산소와 결합한 철은 분자가 되어 비말처럼 자연으로 돌아갔지만, 탄소를 가지고 연소를 하면 산화철에서 다시 산소를 꺼내 올 수 있다. 순수한 철을 얻을 수 있는 이 화학반응이 환원이다. 이런 명칭이야 과학자들이 자연의 법칙을 이해하며 붙인 이름이고, 철광석으로 벌이는 이런 일련의 모든 과정, 즉 화학 반응을 인류는 꽤 오래전부터 알고 있었다. 약 3천 년 전부터 알고 있었던 셈인데, 이 방법을 지금까지 사용한다. 탄소가 들어있는 화석 연료는 풍부했고, 효율이 가장 좋았으니 탄소를 사용하지 않을 이유가 없었다. 하지만 이제 이유가 생겼다. 이 과정에서 탄소가 산소를 만나 온실가스가 발생하는 것을 알게 되었기 때문이다.

화석 연료에는 탄소만 있던 것은 아니다. 수소도 많다. 온실가스인 이산화탄소와 일산화탄소를 생성하며 필요 없는 수소도 발생한다. 지금은 이 수소를 이용해 에너지 경제 체질을 바꾸는 게임 체인저 역할을 기대하는 것이다. 하지만 화학산업 과정에서 발생하는 부생수소이므로 온실가스 발생이라는 프레임에서 벗어나 있지 않다. 쉽게 말해 그린이 아닌 그레이 단계이다. 게다가 우리나라는 수소를 대부분 수입에 의존하고 있고, 장기적으로도 수입 의존도가 높은 상황이다.

인류는 수소가 가장 많은 장소를 알고 있다. 지구 표면 절반 이상을 덮고 있는 것이 물이다. 여기서 분명 태양이나 다른 대체 에너지를 이용해 수소를 꺼낼 것이다. 그리고 그 수소로 수소차를 굴리는 데에만 그치지 않는다. 철에 들어 있던 산소를 수소로 꺼내면 물이 만들어진다. 그리고 순수한 철이 남는다. 이 내러티브에는 탄소나 온실가스가 개입하지 않는다. 물론 여기에는 넘어야 할 과제가 산적해 있고 도전도 필요하다. 시간이 많이 걸리겠지만, 우리에게 남은 시간이 그리 많지 않아 보인다. 이럴 때는 선택과 집중이 필요하다.

인류는 늘 그랬다. 위기에 강했고 꿈을 현실로 만들었다. 지금까지 성장을 꿈꾸며 자연을 파괴했다면, 이제 자연을 복원하는 환원의 꿈으로 성장을 잠시 멈출 줄 아는 지혜를 깨달은 것이다. 최근 글로벌 철강사들은 '수소 환원 제철' 기술 개발에 힘을 모으고 있다. 수소 환원 제철은 철을 생산할 때 석탄 대신 수소를 연료로 사용하는 기술로, 이산화탄소가 거의 발생하지 않아 친환경적이다. 물론 상용화하려면 대량의 '그린수소'가 필요하지만, 수소 제철시대는 우리 앞에 성큼 다가와 있다.

가야 할 길이 멀고 넘어야 할 산이 많다는 것은 거꾸로 기술 진입 장벽이 높다는 의미도 된다. 우리가 어려우면 남들도 어렵다. 그만큼 도전할 가치가 있다는 것이다. 그 과정에서 우리가 수소를 선택한 근본 목적을 잊지 않았으면 좋겠다. 수소 탐험의 이유는 '지구 환경과 인류의 지속 가능성' 때문이었다. 이런 숭고한 탐험의 목적을 시작점에서 다시 생각해야 할 때이다. 미래 이야기도 우주의 출발점인 수소를 가리키고 있지 않은가. 우리는 세상 만물이 시작한 그 출발점을 겸허하게 보아야 한다.

지구에 태양을 옮긴다면

ITER(International Thermonuclear Experimental Reactor)는 '국제 핵융합 실험로'의 명칭이다. 여기엔 '인류의 미래 에너지 개발로 나아가는 길'이라는 큰 포부가 담겨 있다. ITER 프로젝트는 핵융합에너지 개발이라는 인류의 미래 목표를 위해 전 세계 7개국이 참여한 사상 최대의 국제 공동 연구개발 사업이다. 우리나라도 참여하고 있으며, EU 역시 참여하고 있다. EU를 개별 국가로 분리하면 총 34개국이 참가하는 거대한 프로젝트이다. 이 프로젝트는 쉽게 말해 인공태양을 만드는 것이고 참여국의 인구로만 보면 전체 인구 절반 이상이 지지하는 셈이다. 이 프로젝트는 현재 프랑스에서 진행되고 있다.

ITER 프로젝트를 시작한지 40년 가까이 된다. 1980년 초 핵융합은 미국과 소련, 일본과 유럽 일부 국가만 연구를 진행하다가 1985년, 미·소 정상회담에서 소련이 공동 연구를 제안했고, 3년 후 ITER 기구가 공식 출범했다. 개념 설계가 완성됐던 같은 해인 1993년에 EU가 출범했으며 EU에 속한 프랑스 정부가 가장 적극적으로 부지 유치를 지원했다. 2005년 6월 참여국의 만장일치로 프랑스 남부 카다라쉬 지방에 ITER 장치를 건설하기로 최종 결정했다. 이해관계자가 여럿인 만큼 합의에 도달하기 쉽지 않았다. 부지 결정만 해도 지루한 협상 끝에 마무리된 것이다. 그리고 이듬해 ITER 프로젝트는 본격적으로 시작됐다.

이후 진행 속도는 빨랐다. 1988년 ITER 기구의 공식 출범과 함께 시작한 공학 설계가 마무리된 게 2001년이다. 그리고 2025년에 2단계인 건설을 완료할 예정이며 3단계에서는 운영 실험을 할 예정이다. 운영 실험은 2040년까지 진행한다. 시간, 참여 인력, 비용을 볼 때 인류 역사상 가장 큰 프로젝트라고 해도 무방하다. 우리나라는 KSTAR라는 이름의 핵융합 프로젝트를 진행 중이었고, 2003년 정식 회원국이 됐다.

사실 한국의 핵융합 역사는 이보다 오래 됐다. 외환위기를 겪으며 보류돼 지연된 것이다. 우리나라가 맡은 ITER로의 조달 품목은 연구 역사를 반증한다. 핵심 부품 86개 중 9개로, 초전도 도체, 진공용기 본체, 진공용기 포트, 열차 폐체, 조립장비류, 전원공급장치, 블랑켓 차폐블록, 삼중수소 저장·공급 시스템, 진단장치 등으로 구성되어 있다. 그만큼 KSTAR도 깊은 연구로 기술력을 확보하고 있었다.

핵융합은 태양에서 빛과 열 에너지를 만들어 내는 원리를 이용한다. 고온과 고압의 조건에서 수소 원자 핵들이 서로 융합하면서 발생하는 질량 결손이 에너지의 형태로 방출되는 것이다. 앞서 언급했지만 결손 질량이 낮아도 에너지는 크다. 빛의 속도는 대략 3억m/s이기 때문이다.

가령 작은 동전 1개 정도의 질량이 에너지로 변환한다면 어느 정도일까. 동전 질량을 약 4g이라고 가정하자. $E=mc^2$ 공식에 대입하면 $3.6 \times 10^{11} kJ$이 발생한다. 이 에너지는 인구 8만 명의 도시가 1년 동안 사용할 수 있는 전기 에너지와 맞먹는다 (가구당 평균 전력 소비량이 5천Wh라고 가정한다). 핵융합 발전 연구자들이 자주 사용하는 아날로지에 따르면 욕조 1개 분량의 바닷물만 있으면 가정집이 80년 동안 쓸 전력을 생산할 수 있다는 것이다. 게다가 원자력 발전과 달리 방사성 폐기물도 꺼내지 않는다. 이런 청정 에너지가 지구로부터 광속으로 8분 거리에 있는 태양에 있었다.

하지만 이것을 지구 위에서 구현하는 일은 쉽지 않다. 태양은 중력이 커서 1천 5백만 도라는 낮은 온도(얼핏 보기에 높은 온도이지만 핵융합에서는 낮은 온도다)에서도 핵융합이 일어난다. 태양 안에서의 압력은 무려 2천억 기압이기 때문이다. 지구는 이런 압력을 만들기 어려울 정도로 중력이 작다. 그래서 핵융합 반응 조건을 만들려면 온도를 1억도까지 높여야 한다. 2개의 원자핵이 융합하려면 같은 전하를 가진 원자핵끼리 반발하는 쿨롱힘(Coulomb force)을 이겨내야 하는데, 이를 위해서는 대략 섭씨

10^8도보다 높아야 원자들이 플라즈마 상태로 바뀌고 자연적으로 핵융합 반응이 일어나기 때문이다.

여러 가지 형태의 핵융합 반응 중에서 가장 주요하게 사용하는 것이 D-T 반응이다. D-T 반응은 앞서 다룬 수소의 동위원소인 중수소와 삼중수소의 융합 반응이다. 고온에서 두 원자를 반응시켜 헬륨의 생성과 함께 질량 결손으로 높은 에너지를 발생시키는 방식이다. 이 재료는 바다에 무한대로 많기에 공급에도 문제 없다. 그런데 1억 도를 견딜 구조물을 만들 수 있는 물질이 없다. 그래서 생각해낸 것이 플라즈마의 자기적 성질을 이용하는 것이다. 전자기물질로 도넛을 닮은 구조를 만들고 인공자기장을 걸어 플라즈마를 그 안에 가두는 방식이다. 이 장치가 바로 토카막(Tokamak)이다. 이 실험 장치에 사용하는 초전도체를 비롯한 주요 부품을 우리나라가 담당하고 있다.

핵융합로에서 사용하는 토로이달 필드(Toroidal Field) 자석은 말 그대로 플라즈마가 흐르는 토러스 또는 도넛 모양 영역을 형성하는 자기장을 표현한 것이다. 1950년대 초반 구소련의 물리학자 등에 의해 고안된 토카막은 러시아어의 합성으로 '토로이드 자기장 구멍'이라는 뜻이다. 핵융합 반응기의 플라즈마는 극도로 뜨겁고 전하를 띤 가스이다. 플라즈마를 가두어 반응기 벽에 닿는 것을 방지하기 위해 자기장이 사용한 것이다. TF 자석은 일반적으로 저항 없이 전류를 전달할 수 있는 초전도 재료를 사용하여 만들어진다. 초전도체는 이 특성을 달성하기 위해 일반적으로 절대 영도에 가까운 낮은 온도로 냉각된다. 초전도 자석을 사용하면 에너지 손실을 최소화하고 플라즈마 제한에 필요한 강력한 자기장을 생성하기 때문이다. 핵융합로에 막대한 헬륨이 필요한 이유도 초전도체의 냉각 때문이다.

핵융합로인 ITER와 KSTAR 모두 이 방식을 따른다. 다 된 것 같지만 높은 온도의 플라즈마를 오랜 시간동안 유지하는 일은 상당히 어렵다. 한국의 실험로인 KSTAR의 최고 기록은 지난 2021년 기록한 30초이다. 핵융합 발전이 상용화하려면 플라즈마를 1년 365일 내내 유지할 수 있어야만 한다.

과학자들의 최종 목표는 단연 핵융합 상용화이다. 365일 플라즈마를 유지하기 위한 최소한의 조건은 300초를 유지하는 것이다. KSTAR의 목표는 2026년에 300초를 유지하는 것이다. 그럼 이를 달성하면 바로 핵융합 상용화로 연결될까? 아쉽지만 아니다. 작은 핵융합로에서 실험한 결과는 화학에서 유기물 분자 하나를 합성한 결과로 보면 된다. 이를 대량 합성해 상업화하는 것은 또 다른 문제다. 핵융합로의 상용화는 이외에도 넘어야 할 기술적 문제들을 무수히 내포하고 있다.

* * *

이런 어수선한 상황에 놀라운 뉴스가 전해졌다. 미국에서 2050년이 아닌 2028년부터 핵융합 상업 발전을 한다는 소식이었다. ITER보다 무려 22년을 앞당기는 것이며, 몇 해 남지도 않았다. 이 소식은 마이크로소프트와 미국의 핵융합 발전 스타트업인 헬리온 에너지가 발표했다. 마이크로소프트는 2028년부터 핵융합 발전을 통해 매년 최소 50MW(메가와트)의 전기를 헬리온으로부터 공급받겠다는 계약을 체결했다. 핵융합 발전과 관련한 전력 공급 계약이 체결된 사건 자체가 처음이다. 마치 열매도 맺지 않은 밭을 사들이는 셈이다.

그렇다면 지금까지와는 다른 방식일 것이다. 헬리온 에너지는 토카막이 아닌 'FRC(Field Reversed Configuration)'라는 방식을 주장했다. FRC 장치는 아령을 닮았다. 양쪽 끝에서 시속 160만 km의 속도로 플라즈마를 쏘고, 장치의 중앙부에서 2개의 플라즈마가 충돌하며 고온·고압의 플라즈마를 유지하는 방식이다. 물론 과학계는 부정적 시각이 있다. 핵융합 발전은 고온의 플라즈마를 가두는 게 핵심이다. 장치가 클수록 플라즈마를 가두기 유리하기에, ITER 역시 규모가 크다.

ITER에 수많은 국가가 참여하는 이유도 이 때문이다. ITER의 총 무게는 2만 3천 톤인데, 3개의 에펠탑과 맞먹는 무게다. ITER의 초고온 플라즈마를 가두는 강력한 TF 자석은 총 18개이다. 자석 1개의 무게는 무려 약 360톤인데, 이는 보잉 747 비행기 1대와 비슷한 무게다. 또 TF 자석에 필요한 초전도체의 길이는 무려 8만 km로, 서울-부산 구간을 800km로 가정했을 때 약 100회 왕복한 거리와도 비슷하다. 당연히 부지도 어마어마한 규모다. ITER 건설 현장은 총 42만 ha(km²)로 축구

장 60개 크기와 맞먹는 규모이다. 당연히 소규모의 헬리온 에너지 개발에 의구심을 가질 수밖에 없다.

마이크로소프트는 왜 갑자기 이런 에너지 공급과 관련한 계약을 체결한 걸까? 그건 바로 '챗GPT' 같은 생성형 AI를 운영하기 위해서는 막대한 전력이 필요하기 때문이다. 생성형 AI는 학습 과정과 사용자의 질문에 답을 하기 위해 고도로 복잡한 연산을 수행해야 한다. 모델 하나를 만들고 그 모델을 통해 운영하는 서버들이 엄청난 전력을 사용한다. 우리가 던지는 프롬프트에 챗GPT가 답변 하나를 만들 때 소요되는 전기료만으로도 많은 비용이 든다.

AI 생태계가 확대될수록 그에 비례해 전력 문제가 대두된다. 오픈AI의 2022년 순손실은 한화 약 7,100억 원이다. 전력비용 때문이다. 비밀에 부쳐지고 있지만 전문가들은 챗GPT의 하루 유지 비용을 한화 약 9억 2,500만 원으로 추정한다. MS가 'MS 365 코파일럿'을 공개했다(아직 한국에는 공개하지 않았다). MS오피스에 생성형 AI를 적용한 업무툴이다. 사무 환경에 격변을 보일 테지만, 쉽게 확장하지 못하는 이유도 비용적 문제 때문이라는 관측이다. 과학계 전문가들은 핵융합 전력의 가능성에는 낙관적이지만, 여러 문제 때문에 바로 동의하기 힘들다는 입장이다.

우리나라는 에너지의 90% 이상을 수입에 의존한다. 이렇게 되면 에너지전쟁에서 더욱 심각한 위협에 놓일 수 있다. 수소가 미래의 에너지 수단으로 각광을 받는 것은 핵융합 발전에만 제한되지 않는다. 화석 연료가 중동과 북미, 그리고 러시아 등의 특정 지역에 편중된 것과 달리, 수소는 지구 어디에서나 얻을 수 있는 '평등한' 에너지다. 그리고 연소하며 온실가스를 배출하지 않음은 물론 오히려 원래 물질인 물로 돌아가는 점 등 여러 가지 장점이 있다.

중요한 점은 과학자들의 노력이다. KSTAR가 30초 동안 플라즈마를 유지하는 데 성공했다. 이를 위한 실험 횟수가 무려 3만 번이라고 한다. 하루에 1번씩 실험을 해도 무려 10년이 걸리는 횟수다. 과학자들이 무모한 것이 아니다. 태양광으로 원전을 대체하고 지구상의 모든 에너지를 신재생 에너지로 전환하는 것은 사실 불가능에 가깝다. 인류가 사용하는 에너지는 지금보다 더 많아질 수밖에 없기 때문이다.

어릴 때 공중에 떠 있을 수 있겠다고 생각한 적이 있다. 왼발을 들고, 왼발이 땅에 닿기 전에 오른발을 내딛는 행동을 반복하면 될 것 같았다. 하지만 과학과 수학을 알게 된 후, 그런 것이 이론적으로 불가능하다는 것을 깨달았다. 과학과 수학은 진실을 말한다. 우리가 지금 할 수 있는 것은 과학을 기반으로 가장 현실적인 선택과 노력뿐이다. 지구 위의 태양은 꿈만 같지만, 우리가 선택할 수 있는 가장 유일한 해답으로 보인다. 왜냐하면 인류는 점점 더 전기에 의지해 가고 있기 때문이다.

본캐와 부캐, 자아가 나뉜 사람들

만년필이 필요해서 인터넷에 검색해 관련 온라인 쇼핑몰에 들어갔다. 그 후 내가 접속하는 대부분의 인터넷 사이트에는 만년필을 포함한 각종 필기도구 광고가 보였다. 누구나 이런 경험이 있을 것이다. 이 광고는 나에게 최적화된 광고이며, 나에게만 보인다. 옆에서 내가 뭘 하는지 감시한 것도 아닐 텐데, 어떻게 이럴 수 있을까? 이건 소위 개인의 인터넷 활동이 '털린 것'이다. 정확히 말하면 온라인 서비스를 사용하기 전 약관을 확인하는 절차에서 무심코 동의하고, 잊고 있었을 뿐이다. 과거 IT 기업들은 IBM사가 창안한 고객관계관리(CRM)라는 시스템을 마케팅에 활용했다. 고객을 휘발성으로 보는 것이 아니라 지속적 관리 대상으로 확장한 것이다.

당시는 기업은 물론 사용자조차 개인 정보에 예민하지 않았다. 지금은 프라이버시가 매우 중요하고, 이를 침해하는 것은 범죄로 간주한다. 어떤 사이트를 가입하든 개인 정보 제공동의를 받는다. 그런데 모순적인 것은 가입하는 과정에서 개인 정보 제공에 수락하지 않으면 편의를 아예 누릴 수가 없다는 거다. 오도 가도 못하는 늪에 빠진 기분이다. 대부분 사람은 약관 내용을 읽지도 않고 동의를 했을 것이다.

언젠가부터 우리 삶은 '스마트폰'이라는 개인화된 디지털 기기에 의존하고 있다. 이 기계는 주인조차도 흐릿한 기억들을 모두 흡수한다. 하늘의 구름처럼 우주와 지상세계의 경계선 언저리에 있는 클라우드(Cloud)라는 곳에 이것들이 존재하며 필요할 때 언제 어디서든 꺼내 쓰기도 한다. 빅테크 기업들은 이를 하나의 인격체로 보기 시작했다. 마치 은행 계좌처럼 계정을 만들고 그 계정에 맞춤 정보를 제공하겠다는 명목으로 필터를 사용해 접근한다. 이것이 바로 '개인화 알고리즘'이라는 방법이다. IT 플랫폼 기업들이 어느 정도로 세분화해 개인화를 조절하는지는 알 수 없지만, 일반적인 검색을 포함한 여러 경로에서 단순함 그 이상의 분류를 하고 있다.

소셜미디어를 접하다 보면 친구를 추천받게 되는데, 나와 비슷한 성향의 사람들만 추천하는 것처럼 느껴질 때가 있다. 세상은 넓고 다양한 사람들과 의견이 있음에도 우리가 볼 수 있는 세상을 제한하고, 전체가 아닌 부분만을 보게끔 강제하는 것이다. 개인화 알고리즘이 사용자의 편의 면에서 출발했다 해도, 결과적으로 인류 문명 사회의 왜곡을 초래하는 결과가 됐다. 이 현상을 '필터 버블(Filter Bubble)'이라고 부른다. 결국 우리는 보고 싶은 것만 보게 된 것이다. 우리의 눈을 왜곡하는 이런 광학적 필터는 악용되기도 한다. 소위 가짜 뉴스가 만들어지고 잘못된 정보가 학습되는 효과를 불러일으킨다. 이런 가짜 뉴스는 실제로 2016년 미국 대선에 영향을 줄 정도였다.

나는 온라인 친구가 꽤 많은 편인데, 어느 날 나와 생각이 같은 사람들만 주변에 남았다는 걸 문득 깨달았다. 단지 알고리즘 때문만은 아니었다. 나 자신도 그렇게 움직이고 있었다. 그토록 혐오했던 편 가르기를 스스로 하고 있던 것이다. 그동안 공감과 배려를 글로 외치던 나는 부끄러웠다. 진정한 연민과 공감은 타인과의 다름을 받아들이고 타인과 함께하는 경험이 있어야만 한다. 그런데 우리는 스스로 만든 거대한 시스템에 갇혀 어느 순간 이런 능력을 상실한 것이다.

인간은 집단 내에서 타인에게 친절을 베푸는 능력이 원래부터 있었던 것은 아니라고 한다. 이 능력은 연민과 공감 능력을 가진 인간이라는 종이 진화를 통해 획득한 능력이다. 우리가 짧은 시간 동안 필터 버블에 갇혀 그동안 진화로 쌓아온 능력을 한순간에 상실한 듯 보인다. 우리 스스로 지금 이상하고 어색한 지점에 서 있다는 걸 알게 돼서였을까? 사람들은 이 사회 관계망과 온라인 세상에서 점점 피로감을 느끼고 있다. 최근 어느 소셜미디어 업체가 메타버스로 이동하려는 출발선에 섰다. 이 업체는 가입할 때 개인 정보 공개를 요구했으며, 거부할 경우 가입하지 못하게 하여 사용자들이 잔뜩 화가 났다.

이용자들의 잠정적인 승리로 이 소동은 멈췄다.

팬데믹으로 인해 사람들의 관심은 언택트, 뉴노멀, 뉴딜 등의 키워드에 집중됐고, 이 키워드를 현실에 구성한 플랫폼 기업들이 급성장하며 메타(Meta)라는 용어가 등장했다. O2O, 즉 온라인과 오프라인의 결합이 곳곳에서 일어났다. 하지만 우리는 정작 영화에서처럼 온라인 공간으로 모두 옮겨가진 못했다. 사실 특별하게 메타버스를 정의하지 않아도 우리 실제의 삶과 온라인의 삶은 분리되어 따로 있는 것이 아닌 실재에 깊숙하게 박혀 있었다. 이미 사람들은 일종의 본캐와 부캐로 자아가 형성되었다.

부캐로 존재하는 세상에서 우리는 보고 싶은 것만 보기도 하지만, 우리가 보이고 싶은 모습만 보여 주기도 한다. 편린의 정보로 우리는 상대를 판단하고, 그의 삶을 부러워하며 혐오하기도 한다. 사실 우리는 이전부터 가식이라는 가면을 쓰고 살았다. 부캐가 생기면서 가면 쓰는 행위가 더 수월해졌을 뿐이다. 타인에게 몇 가지 정보만 알려 주면 사람들은 내가 보여 주고픈 모습으로 보기 마련이다. 그 모습을 싫어하는 사람을 곁에 두려 하지 않는다. 우리 스스로 자신과 결이 맞는 사람만을 곁에 두고 관계를 유지한다. 특히 정치에 대한 색깔론은 더욱 극명하게 공간을 가른다. 그 경계 너머의 타인의 삶은 볼 기회로부터 스스로를 단절하고 박탈하며 자연스럽게 혐오와 차별의 대상으로 만든다. 양극화는 점점 심해져 간다.

가상의 세계가 점점 더 우리 주변에 만들어지고 있다. 메타버스라 불리는 이 세계는 실제로 볼 수도 만져지지도 않는 세계이다. 그 세계가 약하게 세상과 결합해 있다 해도 최근 등장하는 메타버스 콘텐츠는 실재의 확장이나 공존이 아닌 실재를 대체하는 경우가 많다. 기술은 이를 뒷받침한다. 웹3.0과 블록체인, NFT가 메타버스 세상의 기둥이 돼간다. 마치 렌즈를 통과한 허상처럼 느껴지지만, 이는 분명 우리가 맞닥뜨려야 할 진짜 세상일 것이다. 가상이 가짜를 말하는 것은 아니기 때문이다. 알파고가 등장하며 인간보다 우월함을 드러냈지만, 단지 특정 분야에서 '계산'을 했을 뿐이라며 그 능력을 격하시켰다. AI 분야는 인간의 존엄을 침해할 수 없으며, 인간을 닮을 수 없다며 한계를 긋고 그 능력의 가치를 절하했다.

그러고 나서 얼마 지나지 않아, 메타버스라는 말이 무색하게 AI시대가 눈앞에 다가왔다. AI는 우리가 포스트 코로나에 대한 삶의 방향을 미처 정의하지도 못한 상태에서 눈앞에 갑자기 등장해 인류 사회 문명 기반을 흔들어 놓기 시작했다. 거대 언어 기반의 AI는 GPT라는 이름을 달고 인류 사회가 만든 문명에 깊숙이 들어와 버렸다. 이제 어느 누구도 이 존재의 능력에 대해 의심하지 않는다. 이제 공격과 방어 대신 타협을 선택했다. 여전히 보완해야 할 부분이 많은 AI지만, 여기에 사람들이 달려들어 능력을 키웠다. 이제 어지간한 단순 업무는 기계에 주어야 할 상황에 거의 도달했다.

공상과학 영화에서나 봤던 세상이 진짜 올지도 모르겠다는 생각을 했다. 가상의 세상에 나를 대신해 존재하는 아바타는 어쩌면 지금의 법적 인간처럼 식별 번호가 부여되는 그런 존재로 그 세계에서 살아갈 수도 있겠다는 생각이 든다. 우리가 알고 있는 118개의 원소로 구성된 물질이 아닌, 보이지 않는 0과 1로 만들어진 과학의 산물도 물질이 될 수 있겠단 생각을 해 본다. 세상은 정말 좋아지고 안전한 건 맞을까. 나는 여전히 아날로그 세상에 살고 있는데, 디지털로 들어 오지 않으면 도태될 거라는 무언의 압력이 무거운 공기처럼 몸을 누르고 있다.

* * *

　　최근 공정이란 용어가 이슈다. 지금의 인류가 이룩한 문명 구조에서는 도무지 공정을 찾을 수 없기 때문이다. 양극화는 경쟁과 서열의 산물이다. 이긴 자가 모든 것을 취할 수 있고, 가진 자가 더 자산을 불려 간다. 그 전쟁 같은 과정과 결과에서 공정을 끼워 넣기가 쉽지 않다. 그런데 메타버스라는 세계에서는 우리가 이룩하지 못했던 공정의 기회를 엿볼 수 있을 지 모르겠다. 누구든 유명 대학의 강의를 들을 수 있고 라이센스를 얻을 수 있다면, 그동안 획일적인 공정 담론으로 지친 인류에게 새로운 기회가 될 수도 있다.

　　젊은 층의 참여자가 특히 많은 이유도 현실 세계의 불평등과 불공정에서 탈피한 세계에서 또 다른 자아에 대한 기회와 만족감이 있기 때문이기도 하다. AI와 메타버스가 이 시대에 들어맞는 이유도 아마 현실 세계에 존재하는 불안 요소를 제거할 수 있기 때문일 것이다. 이 세계는 코로나19 이전과 이후로 나뉘고 있다. 펜데믹 이전의 인류 사회에서 화두는 정치와 경제, 그리고 기술이었다. 산업혁명이라는 사건 이후로 기둥처럼 세워 놓고 인류는 끝을 모르고 바벨탑을 세운 것이다. 지금의 화두는 대부분 바뀌었다. 느리지만 ESG(환경, 사회, 정부)로 화두가 옮겨지며 에너지와 기후, 환경, 식량, 불평등, 빈부격차와 차별, 심지어 노동에 대한 생각마저도 바뀌고 있다. 여전히 기술에 대한 담론을 하는 이유는 간단하다. 기술이 결국 이런 것들을 해결할 수 있는 열쇠로 보고 있는 것이다.

이런 생각을 해 본다. 그동안 가면을 쓴 것처럼 살았는데, 거기에 진짜 가면을 덧쓴다면 더 인간적 본성을 드러낼 수 있지 않을까? 우리는 2개의 가면을 덧써야만 비로소 진실을 만날 수 있을지 모른다. 메타버스든, AI든 탄생했을 때는 다소 유토피아적일 수 있으나, 현실 세계의 문제들이 또 다른 형태로 반영되거나 변형되어 나타나는 디스토피아적 세계를 마주하리라는 우려도 만만치 않다.

인류의 악마와 같은 본성이 드러날 수도 있을 것이고, 새로운 과학의 산물이 가진 빈틈을 타고 범죄들도 벌어질 수 있다. 새로운 세상은 오감을 사용했던 인류 문명이 제한된 감각으로 살아야 하는 세계이다. 책임이나 의무의 벽은 낮아지고 오히려 익명이라는 가면을 쓰고 그동안 억누르고 제한된 감정이 표출되며 지금의 각종 차별과 폭력 등 인간의 민낯이 고스란히 반영될 수도 있다. 우리는 마주한 상대의 눈빛을 보고 목소리의 떨림이나 동작 등을 온몸으로 느끼며 소통을 해 왔고, 감정을 전달했다. 공감력은 단순한 소통을 떠나 지식의 전달 능력을 유산으로 물려 받으며 인류가 진화하는 데 결정적 기여를 했다.

그런데 감각기관을 대부분 떼어낸 채 그 일부만을 사용할 경우, 공감력은 급감하게 된다. 간혹 문자로 대화를 할 때 의도치 않은 문장으로 서로 오해하는 경우가 생기는 경험을 했을 것이다. 디지털 세계에서는 비언어적 표현을 살필 수 있는 요소가 단절된다. 이렇게 되면 공감력은 점차 낮아지고, 서열화는 수치화되어 더 극명하게 드러날 수도 있다. 이러한 불편하고 고통스러운 현실에서, 실재의 자아와 디지털 세상 속 자아의 지리적 위치 식별은 우리에게 철학적 질문을 던진다. 우리는 언제부터 자신의 존재가치를 타인의 존재로부터 파악하게 되었을까? 개인은 전체 속에서 비로소 존재가치를 갖는다는 주장을 근거로 강력한 권력이 우리 삶을 간섭·통제하는 체제, 우리 스스로 그 전체주의 안으로 파고 들어가고 있는 건 아닌지 모르겠다. 그 체제를 떠받치고 있는 것이 현재 인류 문명사회이다.

조지 오웰의 소설 《1984》의 마지막에는 이런 문장이 나온다. "He loves Big Brother." 빅브라더는 정보를 독점해 사회를 관리하는 권력을 말하며, 이 용어는 그의 소설에서 처음 등장했다. 조지 오웰은 전쟁과 질병에서 자유보다 안전을 중시하는 것이 감시 사회의 출발점일 것이라고 예측했다. 코로나19 당시에 우리는 팬데믹 이전의 자유를 그리워했었다. 하지만 대부분의 전문가들은 그때 뉴노멀을 이야기했었다. 다시는 과거의 그 시절로 갈 수 없다고 했으며, 포스트 휴먼을 이야기했었다.

결국 우리 스스로도 안전을 택하고 있다. 그 와중에 등장하는 AI와 메타버스가 마냥 반갑지만은 않은 이유이다. 질문 하나를 대답하는 데 수 달러의 에너지를 소모하는 비효율적 기계 장치에 우리의 안전을 맡기는 게 진정 옳은 길로 가고 있는 것인지 질문을 해야 할 때이다. 이제 인류 문명을 유지해야 할 에너지가 새로운 권력이 되어 간다. 그곳에서도 과학은 깊숙하게 문명을 떠받치고 있다.

진정 과학이 인류 앞에 놓인 문제들을 해결해 줄까? 과거 역사에서 얻은 교훈은 하나다. 역사는 늘 반복됐고, 권력은 늘 2개의 가면이 되어 인간의 본성을 드러나게 했다. 권력을 손에 쥔 인류는 늘 인류와 자연, 그리고 지구와 충돌했다. 그런데 이번에는 과거와는 다소 다르다. 지리적으로 국부적이고 종의 관점에서도 부분적 파괴와 소멸이 아니라. 제대로 충돌할 모양이다. 마치 하나가 죽어야 끝나는 게임처럼 말이다. 다시 말하지만 권력은 강제력 같은 힘만을 말하는 것이 아니다. 여기서 권은 저울 권(權)이다. 저울질할 줄 알아야 한다는 뜻이다. 권력의 의미를 다시 새길 때가 아닐까.

충돌

우   리   가

자   연   에   서

발   견   한

것   들

신화와 공생의 소멸

어릴 적에는 신화의 모든 등장인물과 이야기들이 실제로 존재하는 줄 알았다. 이후 신화에는 허구가 섞일 수밖에 없다는 걸 알게 됐다. 그러자 또 다른 의문이 들었다. 왜 사람들은 신화가 허구임을 알면서도 마치 진실인 양 아무런 반론도 없이 믿는 것일까. 심지어 신화는 세상을 설명하는 데에도 사용됐다. 다만 그건 종교를 믿는 것과 같은 결의 믿음은 아니었다. 신화는 불변의 진리이자 철학자의 언어처럼 세상사를 통과하며 삶의 질서를 부여잡고 있었다. 과학이 세상의 대부분을 설명한 지금도 신화는 사회적 합의처럼 부재의 존재와 자연의 섭리라는 거대한 진리를 비밀스럽게 내포한다.

고려 후기 승려 일연이 쓴 《삼국유사》는 실제와 신화적 허구가 비빔밥처럼 버무려져 있다. 더 앞선 시기의 《그리스·로마 신화》는 지어낸 것이 분명한 이야기로 가득하다. 특히 민족과 국가의 시작점에 대한 이야기는 더욱 그렇다. 사람이 동물의 몸에서 태어나거나, 동물에서 몸이 바뀌거나, 늑대의 젖을 먹고 자랐다는 식이다. 이런 이야기는 교훈이나 철학이 행간에 함의된 동화나 우화에 가깝다. 이런 이야기를 읽고 호랑이가 사람과 대화하는 게 맞냐는 식으로 따지는 사람은 없다. 자연에 대한 이해가 부족했던 시절이기에 이런 이야기를 지어낸 걸까? 그렇지 않다. 절대 반지를 찾아 벌어지는 이야기를 다룬 소설 《반지의 제왕》도 이런 신화를 닮았다. 과학으로 뒤범벅된 미래를 다룬 SF 소설들도 신화적 요소를 담고 있다.

어떤 이들은 신화를 오래전 문명을 시작했던 사람들이 세상을 이해하는 방식으로 생각한다. 신화는 도무지 현실 세계에서는 마주칠 수 없는 인물들과 기이한 생명체들의 이야기로 가득 차 있기 때문이다. 하지만 신화는 그저 기묘하고 비현실적인 이야기로만 존재하지 않는다. 우주의 기원과 질서를 다룬다. 인간이 이 우주의 어느 지점에 있는지, 이 우주에서 어떻게 살아야 하는지를 알려 주는 심오한 철학적 사유가 숨어 있다. 신화는 현실과 대비되기도 한다. 현실에서는 모든 것이 쉽게 일어나지 않기 때문이다. 이상적으로는 옳다고 생각한 것이 반드시 실현돼야 하지만, 그게 말처럼 쉽게 이루어지지 않는다. 그래서 지금도 현실의 어떤 분야나 영역에서 쉽게 일어나지 않는 일이 벌어졌을 때, 이 일을 추동한 인물과 획기적인 업적에 '신화'라는 용어를 아날로지로 사용한다.

신화는 고대인의 사유나 표상이 반영된 것에 국한되지 않는다. 신화는 더 확장할 수 있다. 과학에서 이야기하는 우주의 기원인 빅뱅과 특정 종교에서 이야기하는 세상의 시작도 창조 신화의 범위에 들어 있다고 할 수 있다. 138억년 전 우주 대폭발이 일어난 후, 10^{-36}초와 10^{-34}초 사이에 우리 은하만 한 우주가 탄생했으며 팽창해 지금의 우주에 이르렀다. 10^{-36}초 이전은 알지 못한다. 그 이후부터의 증거만 가지고 설명한다. 그래서 빅뱅 이론은 법칙이 아닌 가설로 남겨져 있다. 이렇게 보면 우주의 탄생을 과학으로 모두 해결한 것 같지만, '그냥 세상이 갑자기 폭발하듯 생겼다'는 내용은 신화같은 부분이다.

물론 신화와 과학, 종교에는 미묘한 차이가 있다. 열광적인 종교를 믿게 되면 현실 세계를 무시하는 듯한 단절을 경험한다. 종교에서 이야기하는 창조에는 어떠한 증거나 이해도 존재하지 않는다. 하지만 신화와 과학은 현실 세계와 단절되지 않는다. 적절한 논리 혹은 증거를 갖춰야 한다. 신화에는 증거가 없지만 논리 체계는 갖춰져 있으며, 현실 세계를 파괴하거나 희생시키지 않는다. 현실과 동떨어진 환상적이고 신기한 이야기를 끌어감에도 종교와는 달리 현실에서 벌어지는 사건을 이해하려는 지식과 논리를 함의하고 있다.

이야기는 인류 역사의 중요한 요소 중 하나다. 인류가 지금의 문명을 이룰 수 있었던 이유도 이야기를 믿었기 때문이다. 이야기는 인류의 미래 그 자체였다. 예를 들어 약 30년 전을 생각해 보자. 인류가 손바닥만 한 컴퓨터를 들고 다니거나 영상으로 대화를 나누고, 은행 업무를 보거나 물건을 사는 일을 할 수 있다는 것은 당시엔 불가능해 보였다. 하지만 지금은 그 모든 것이 현실이 됐다. 그 이전에도 그래 왔다. 불가능한 것이 당연해지며 과거 이야기가 시들해졌고 인류는 또 다른 미래의 이야기를 쓰고 있다. 그만큼 이야기는 인류 문명을 끌고 가는 데 중요한 매개가 된다. 어쩌면 인간이 이야기를 믿는 유일한 생명체이기 때문에 다른 생명체를 지배하고 있는지도 모른다. 인류를 제외한 대부분 동물은 이야기를 만들지 않는다. 설사 자신들끼리의 이야기가 있다 하더라도, 믿지 않거나 전달할 능력이 없기 때문에 전해지고 이어오지 못할 것이다. 그들은 자연에서 살아가는 방법이 담긴 긴 핵산 가닥인 유전자에 코딩된 대로 프로그램이 실행되듯 작동한다. 이야기를 그 세포 안에 담아내는 건 불가능하다.

크리스마스섬의 붉은 암컷 게들은 숲에서 살다가 산란을 위해 바다로 이동한다. 숲에서 바다까지 먼 여정을 붉게 만드는 장면에 경외감이 들기도 하지만 동시에 애처롭기도 하다. 대부분의 붉은 암컷 게는 산란하기도 전에 자연과 인간이 만든 장벽에 가로막힌다. 도로를 달리는 자동차에 짓이겨지고, 각종 장애물에 가로막혀 헤매다 태양에 말라 박제가 되어 버린다. 인류 문명은 그들의 본능마저 방해하고 있다.

붉은 게를 바다로 향하게 하는 힘은 달에 있다. 만조가 시작될 때 알을 바다에 풀어야 하기 때문이다. 게는 달의 중력 변화를 몸의 세포로 느낀다. 게에게 있어 이야기란 서식과 종족 번식이며, 이것은 삶에 대한 의식과 믿음이라기보다 세포에 탑재된 기능에 가깝다. 유기체가 기계처럼 작동하는 것과 같다. 이야기를 끌어내고, 믿으며, 또 다른 이야기를 더해 후손에게 전할 수 있는 것은 사물을 인식하며 뇌 속의 여러 인식 영역들을 매끄럽게 연결할 수 있는 신경망 네트워크가 형성된 조건에서나 가능한 일이다. 동물 중에 이런 일들이 완벽하게 가능한 생명체는 인간이 유일하다고 알려져 있다.

신화를 끌어가는 등장인물이 실존하든, 상징적 인물이든, 동물이든 크게 문제되지 않는다. 신화는 이야기를 펼쳐 가는 동안 논리의 중심에 모든 자연을 동원하는 대담성을 보인다. 사람이 알에서 태어난다든지, 동물과 식물이 의인화되어 소통하기도 한다. 또한 인간의 하체가 물고기가 되고, 인간의 상체에 말의 하체가 붙거나, 호흡을 아가미로 하는 식으로 진화론을 뒤섞기도 한다. 물론 이런 일은 현실 세계에서는 절대 일어나지 않는다. 신화는 불합리와 모순과 비현실을 전개하면서도 특정 논리에 바탕을 둔다. 철학에서 말하는 변증법 논리와 유사하다. 우리는 신화의 결함을 애써 증명하려 하지 않는다. 증명이 중요하지 않기 때문이다. 그러다 보니 지금의 과학적 지식과 논리는 이런 신화를 받아들이는 데에 방해가 될 수밖에 없다.

동화와 우화는 신화의 일부이자 닮은 꼴 체계이다. 동화에서는 신화처럼 동물이 말을 하며 사람으로 변신도 한다. 할머니로 변신한 호랑이가 어린아이를 잡아먹는 이야기를 받아들이는 것은 그 이야기가 품고 있는 교훈을 보기 때문이다. 호랑이를 현실의 호랑이로 받아들이는 것이 아니라, 낯설고 나쁜 어른을 비유한 것으로 뇌에서 번역한다. 그래서 결론적으로는 낯선 어른이 접근하는 것을 조심해야 한다는 교훈을 받아들이는 것이다. 신화가 이런 동화나 우화와 다른 점은 더 심오하고 비밀스럽고 거대한 진실을 내포하고 있다는 것이다. 대표적인 것이 동물과의 관계이다. 신화는 인간을 자연에서 절대적 특권을 지닌 생명체라고 말하지 않으며, 인간과 동물을 동일시하는 경우가 많다. 물론 이런 주장도 미사여구로 포장해 직접적으로 드러내지 않는다. 신화는 아주 섬세하게 진실을 숨겨 놓았다. 신화를 읽다 보면 우주에서 인간들이 지내야 할 위치를 알려주려 노력하는 것이 보인다.

다윈과 헤켈의 생명의 나무(Tree of Life)[1]를 본 적이 있을 것이다. 2015년에는 미국의 듀크대학과 미시간대학을 포함한 여러 연구기관에서 35억 년 지구 생물의 생물종 분류와 진화 계통 과정을 하나로 모았다. 일명 열린 생명의 나무(Open Tree of

---

[1] 생명의 나무는 과거에 지구에 살았다가 멸종했거나, 오늘날까지 지구에 살고 있는 생명체의 진화 계통을 나타내는 다이어그램이다. (출처:《빅히스토리》(김서형, 살림출판사, 2018)

Life) 데이터베이스를 구축한 것이다. 지금은 인간이 동물과 그 경로에서 다른 나뭇가지에 있기 때문에 완전히 다른 종으로 여긴다. 마치 생명계에서 엄청난 도약을 한 유일한 종처럼 말이다. 하지만 다윈은 자연이 도약하지 않는다고 했다.

후기 구석기시대에는 어땠을까? 물론 3만 년 전으로 가 봐야 진화의 시간에서 보면 끝자락일 뿐이고, 이미 종 대부분이 생명의 나무에서 서로 다른 가지의 잎이 되어 있을 것이다. 하지만 그들의 유전자는 같은 가지에 다른 종이 달려 있었던 시기를 기억하고 있었던 것 같다. 동굴 벽에는 동물이 가축이 아닌 가족으로, 때로는 동료처럼 그려져 있었다. 거대한 자연에서 동물은 인류와 공생하며 동등한 위치를 차지하고 있었다.

인류가 더 이상 이야기를 믿지 않게 되면서 신화는 힘을 잃었다. 그와 함께 언젠가부터 다른 생명체와의 공생도 사라졌다. 현재의 인류가 쓰고 있는, 그리고 앞으로 쓸 미래의 이야기에 다른 생명체들은 도무지 보이지 않는다. 서로 너무 멀리 떨어진 가지에 있다고 생각하기 때문일까? 그래서 인류의 곁에 없어도 된다고 생각하고 있는 걸까? 모든 종을 지배한다고 말하는 인류는 얼마나 윤리적인가. 인류가 추구하는 미래의 이야기와 삶에 자연의 풍경이 있기는 한 것일까.

더 이상 이야기를 믿지 않는 인류

업무차 한국을 방문한 외국의 물리학자 고객, 그리고 그의 가족과 저녁을 먹게 됐다. 귀한 손님이어서 전통 한식을 준비했지만 그들은 치킨 요리를 맛보고 싶어 했다. 대한민국의 '치맥'은 내가 생각했던 것보다 잘 알려진 모양이었다. 소원이라니 어쩔 도리가 없었다. 예약한 한식당을 취소하고 프랜차이즈 치킨 가게로 향했다. 자연스럽게 치킨이 대화의 중심이 됐다. 그들은 소셜미디어를 통해 이미 치맥의 의미를 잘 알고 있었지만, '치킨 공화국(Republic Of Chicken)'이라는 별명은 생경한 모양이었다. 그들은 한국에 대체 얼마나 많은 치킨집이 있느냐고 물었다. 사실 나도 그 수가 많다고만 알고 있었지, 정확한 규모를 알고 있던 상황은 아니었다. 검색하려고 휴대폰을 꺼내려 하니 그가 그 수를 추정해 보자고 제안했다.

우리는 계산하기 시작했다. 이런 계산은 수학적 지식보다 직관력이 요구된다. 육감이 아닌 논리적 감각이다. 역사상 최초의 핵실험인 트리니티에서 엔리코 페르미가 10km 떨어진 베이스캠프에서 받아 낸 핵의 위력을 종이 한 장으로 계산하며 유명해진 '페르미 추정법'이다. 물리 현상의 본질을 통찰하고 단순화해 중심을 관통하는 결과를 계산하는 방법이다. 이게 은근히 맞아떨어진다.

그는 한국의 가구 수, 통상 가구당 얼마나 자주 치킨을 먹는지를 물었다. 인구수 5천만 명을 기준으로 (최근 1인 가구가 늘었으나) 대략 3~4인을 가족 단위로 보면, 약 2천만 가구 정도로 계산해도 무방할 듯했다. 또한 가구당 주 1회 정도 치킨을 먹는 것으로 기준을 잡았고, 치킨 가게의 규모상 하루에 공급할 수 있는 치킨 수를 60~70개 정도로 정했다. 그렇게 정한 후 계산해 보니 대략 3만 개의 치킨집이 있는 것으로 결과가 나왔다. 2020년 기준으로 전 세계 맥도널드 매장 수가 3만 9천 개라고 한다. 이 좁은 땅에서 수많은 가게가 치열하게 경쟁하고 있는 셈이었다.

실제 2019년 기준 전국 치킨집 수는 8만 7천여 개였다. 우리가 추정했던 결과와 2배 이상의 차이가 나지만, 2013년 기준으로는 3만 6천 개였으니 그래도 얼추 맞은 셈이다. 당시 치킨집이 전 세계 맥도널드 매장보다 많다는 언론 보도가 있었다. 5~6년 사이에 급증한 치킨집 수는 사회구조적으로 자영업자가 많아지며 발생한 과대 경쟁의 결과로 볼 수 있었다. 아마도 팬데믹이 시작되며 이 숫자들은 다시 엉켰을 것이다. 모든 데

2장 ✦ 충돌

이터는 현재 생명체처럼 소멸과 생성이 동시에 일어난다. 누군가는 견디지 못해 문을 닫고, 또 누군가는 이 시장에 뛰어든다. 한 해 통계를 폐업한 매장까지 합산하면 분명 더 많을 것이다.

하루에 60~70마리의 닭을 튀겨 내도 매몰 비용을 빼고 나면 최저 시급을 받는 아르바이트와 다를 게 없다고 한다. 실제로 가구당 1년에 약 50마리의 닭을 먹는다고 한다. 대한민국에서는 연간 10억 마리가 도축되는 셈이다. 인류가 현시점에서 사육하는 닭은 약 200억 마리에 달한다. 사육되는 닭의 수만 봐도 세계 인구의 약 2.5배에 달한다. 오늘날 인류는 1시간에 1만 톤의 닭을 먹어 치운다.

식당에서 찻집으로 자리를 옮긴 우리는 자연스럽게 동물의 개체수에서 조금 더 확장된 이야기를 이어 갔다. 원시시대의 인류는 만물에 영혼이 있다는 것을 믿었다. 그때는 동물과 인간 사이에 지금 같은 간극이 존재하지 않았던 것 같다. 이후 등장한 종교는 인간을 특별한 창조물로 만들었다. 다윈의 진화론은 신의 존재를 자연스럽게 제외했지만 동물을 배제하지는 않았다. 농업혁명이 지구 생태계의 구도를 완전히 바꿨다. 동등한 지위에 있던 대부분 대형 동물이 가축화됐다. 그들로부터 개체의 생존과 번식의 결정권을 빼앗아 인간에게 옮긴 것이다.

* * *

최근 반려동물에 대한 관심이 높아졌다. 특히 MZ세대라고 불리는 계층을 중심으로 반려동물과 함께하는 인구가 대폭 증가했다. 동시에 펫 케어 산업이 성장하고 있다. 한때 미국 최대 펫 보험사인 트루패니언의 주가가 급등했던 적이 있다. 지금은 모든 경제가 인플레이션이고 지구촌 구석에서 벌어지는 전쟁으로 모든 경제 지표들이 최악이지만, 의식마저 사라지진 않는다. 반려동물을 가족 역할을 대신할 인격체로 여기는 반려동물 휴머니제이션이 확산되고 있다. 동물보호법으로 인간의 잔혹한 행동에 제동을 걸기도 한다. 이런 사례를 보면 인간은 전보다 다른 종에 대해 이타적인 태도를 보이는 것 같이 보인다.

하지만 모든 동물에게 그렇지는 않다. 학대받는 동물보다 인간에 의해 희생되는 동물이 훨씬 많다. 의약품과 화학물질의 실험 대상으로 매년 1억 마리가 희생된다. 식용으로 사육되는 동물의 경우는 더하다. 매년 전 세계에서 740억 마리의 동물이 살육된다. 인류의 삶에 조금이라도 이익이 된다면 아무렇지도 않게 동물에게 고통과 죽음을 가한다.

다시 처음의 이야기로 돌아가서, 적게는 수백에서 많게는 수만 마리가 밀집해 사육되는 닭의 경우를 보자. 닭의 자연 수명은 10년 정도이고 길게는 30년까지도 산다. 그런데 우리 식탁에 오르는 닭은 30일에서 45일 사이에 도축된다. 사람으로 비유하면 돌도 지나지 않은 나이다. 우리는 식량이 된, 손질된 닭의 몸에 이름 대신 숫자를 붙여 N호 닭이라 칭한다. 닭의 크기나 중량별로 번호를 붙인다. 털과 내장 등 부산물을 모두 제거한 상태의 닭을 중량으로 환산해 구간별로 번호를 붙인 것이다. 약 200억 마리가 특정 시점에 사육되고 있고 연간으로 보면 도축되는 닭의 수는 600억 마리에 달한다. 나머지 140억 마리가 소와 돼지 그리고 오리와 같은 식용 가축이다.

닭의 짧은 생은 비참하다. 날개를 펼 수 없는 공간에 갇혀 도축되기 보름 전부터 성장촉진제를 맞는다. 살집을 키우기 위해서다. 약한 다리는 급격하게 불어나는 체중을 견디지 못해 꺾여 무너지지만, 바닥에 깔린 배설물 때문에 앉을 수도 없다. 배설물에서 나오는 산성물질로 화상을 입기 때문이다. 화상으로 털이 빠지고 피부가 벌겋게 달아오르는 고통을 겪으며 선 채로 짧은 삶을 살다가 죽음을 맞이한다. 스트레스로 자해하는 것을 방지하기 위해 부리까지 뭉툭하게 잘려 나간다. 자해하면 상품성이 떨어지기 때문이다. 이건 인간의 생존 때문이 아니다. 인간은 이미 생존의 선을 넘어 잉여로 치닫고 있다.

과거에는 인류 사회 안에서도 종에 대한 차별이 만연했다. 민족과 국가에는 수평적 분할 뿐만 아니라 수직적 분할도 공존했다. 노예가 있었고 인종 간의 차별이 자연스러웠다. 하지만 18세기부터 유럽 사회는 법으로 노예를 금지했으며, 미국 역시 전쟁을 치르며 노예를 해방했다. 20세기에는 유대인에 대한 인종 대학살을 겪고 세계인권선언에 동의했다. 최근 아동은 물론 여성의 인권과 도덕적 지위도 확장되고 있다. 이제 정말 모든 것이 평등하고 종결된 것일까? 모든 것이 다 공정하게 제자리로 가고 있는 게 맞을까?

인류 사이에서의 뿌리 깊은 차별은 점차 나아지고 있는 것으로 보인다. 하지만 다른 종에 대한 태도는 인류의 관심 밖인 것 같다. 호모사피엔스라는 이유만으로 다른 종에 학대를 저지르는 것이 용인될 수 있는 것일까. 인간은 광우병과 구제역에 걸린 동물들을 수치심과 죄의식도 없이 홀로코스트를 한다. 인간에게 생명에 대해 겸허함은 존재하지 않는 것인가. 동물을 하대해도 된다는 권리는 누가 만든 것일까. 인류가 그 행동을 정당화하기 위해 최고의 영장류라는 관념과 이념을 만들어 낸 것은 아닐까. 종의 차별과 인종차별은 과연 무엇이 다를까.

물론 가축은 식량의 일부라는 사실마저 부인하고 싶지는 않다. 동물 사이에도 약육강식은 존재한다. 분명 인간과 동물은 명백한 차이가 있다. 여기서 내가 말하고 싶은 동물은 인간처럼 이성을 가지고 있지는 않으나, 인류의 신체 구조와 신경 구조가 유사해 고통과 쾌락을 가진 동물을 말한다. 주로 포유류가 이런 종에 해당한다.

우리는 스스로에게 윤리적 질문을 해야 한다. 옳고 그름을 선택해야 한다. 사리분별하지 못한다는 의미에서의 선택이 아니다. 고리타분하게만 느껴지는 고전적 윤리 규범 중 하나인 '공리주의'를 다시 꺼내야 한다는 거다. 이런 선택의 문제는 당시 문학에서도 끊임없이 제기되고 있었다. 도스토옙스키의 소설 《카라마조프가의 형제들》에서 이반 카라마조프가 동생 알료샤에게 던지는 질문에서도 찾아볼 수 있다. 이 세상에서 전쟁과 살육이 멈추고 영원한 평화가 올 방법이 있는데, 그 방법이 한 아이를 고문하는 것이라면 우리는 어떻게 해야 할 것인가? 미래를 다룬 SF 범죄 영화 〈마이너리티 리포트〉에서도 이런 상황의 예시를 찾아볼 수 있다. 도시는 프리크라임(Pre Crime)으로 보호받는다. 예지 능력을 근거로 벌어질 범죄를 예견하고, 사건 발생 전에 용의자들을 미리 체포한다. 언뜻 보기에는 문제점이 보이지 않는다.

존 스튜어트 밀의 저서 《공리주의》에 나오는 상황을 보자. 당신에게는 시간 여행을 할 기회가 1번 주어졌다. 시간 여행 사정상 히틀러를 올바르게 키워 독재자가 되는 것을 방지하거나, 오스트리아의 정치경제 상황을 개선시키는 선택지는 불가능하다고 가정한다. 어린 아돌프 히틀러는 아직 그 어떤 범죄도 저지른 적이 없다. 하지만 이대로 자란다면 미래에 제노사이드를 벌일 것은 분명하다고 가정해 보자. 어린 아돌프 히틀러 1명을 죽이면 수백만의 사람을 살릴 수 있는 것이다.

이 상황이라면 어린 아돌프를 죽여야 하는 것이 옳은가? 공리주의는 옳다고 답한다. 중요한 것은 결과이며, 1명의 행복보단 100만 명의 행복이 더 가치 있기 때문이다. 만약 생명이 중요하기 때문에 옳지 않다고 생각한다면, 당신은 의무론자에 가깝다. 이런 질문이 우리 삶과 떨어져 멀게 느껴지는가? 인류는 코로나를 겪으며 이미 이러한 도덕적·윤리적 규칙과 규범의 선택지에 여러 번 놓였었다. 단지 인류만을 위한다는 목적으로 선택하면 안 된다. 고려할 수 있는 모든 것에 가장 최선의 결과를 가져오는 것이 옳은 선택이다.

＊ ＊ ＊

신화의 역사는 깊다. 이에 반해 현 인류가 학습하고 있는 첨단 지식은 18세기 후반부터 정립된 지식이 대부분이다. 최초의 철학자로 불리는 탈레스가 기원전 625년의 인물이니 그 이전의 과학과 철학 또한 수천 년에 불과하다. 구석기시대에 등장한 것으로 예상되는 신화는 약 3만 년의 역사를 가진다. 바로 인류가 호모사피엔스로 구분되면서부터이다. 그런데도 현 인류는 최근 수백 년의 지식에만 집중할 뿐 그 이전의 지식은 가치가 없다고 여긴다.

　더군다나 신화는 현대의 교육 과정에서조차 거의 가르치지 않는다. 오늘날 최첨단 과학 기술이 인류의 삶과 정신을 지배하고 있는 시공간에서 이 지식은 별로 쓸모가 없기 때문이다. 현대 문명을 살아가는 데 필요한 요소, 가령 주식과 펀드 등 경제 용어나 지배적인 과학 기술을 이해하는 데에 무게 중심이 있다. 이제 신화는 낡은 지식이 됐고, 나이 든 어른들이나 즐기는 소소한 이야깃거리가 됐다. 그렇게 인간의 의식에서 공존의 존재라는 의미가 사라졌다.

* * *

과거에는 주술적 과학이라는 별명이 붙을 정도로 물질의 본질에 집착한 시절이 있었다. 당시 연금술은 물질을 통해 누군가에게 권력을 쥐여 줄 수 있었고, 거꾸로 그 힘을 빼앗아 올 수도 있었다. 이런 일은 역사에서 빈번하게 발생했다. 연금술사들에게는 그들만의 묵시적 합의가 있었다. 늘 자신을 성찰하고 타인의 몸과 마음에 상처를 입히지 않으려 했다. 연금술사들의 실험 노트에 기록된 암호화된 기호는 부와 영생을 가져다줄 진실을 숨기려고 한 이기적인 행동으로 해석하기도 하지만, 위험할 수 있는 지식을 함부로 다뤄서는 안 된다는 깊은 뜻도 있었다. 이런 연금술사의 윤리와 정의를 현대에서는 찾아볼 수 없는 걸까?

인류는 윤리와 도덕으로 포장된 영장 동물, 최종포식자, 최고의 생명체라는 것을 자부하고 있다. 사실 이것은 일종의 우주적 윤리로부터 항변하거나 보호하려는 스스로 만든 권위일 뿐일지 모른다. 이제 우주적 질서에서 긴장을 느껴야 하는 지점이 아닐까. 광활한 우주에서 태양계조차 넘어 보지 못한 생명체가 작은 행성에서 피라미드의 꼭대기에서 군림하며 마치 우주적 질서를 정한 신처럼 굴지만, 이 질서 안에서는 인간도 결국 복종해야 할 대상일 뿐이다. 공리주의는 '아름다움이 가득한 세상'이라는 결과주의의 하나다. 나는 거기에 인간만 있을 거라고 생각하지 않는다.

대륙을 생각하다

체구가 작은 동양인은 육상 종목에서 늘 불리했다. 그런데 최근 우상혁 선수는 한국 육상 역사상 최초로 세계선수권 대회의 높이 뛰기 종목에서 은메달을 목에 걸었다. 인간의 높이 뛰기 한계는 자기 신장에 50cm 정도를 더한 높이라고 한다. 물론 이 한계는 지구 위에서만이다. 만약 우리가 달에 있다면 약 3배 정도 더 높이 뛸지도 모른다. 신장도 높이 뛰는 한계에 영향을 주겠지만 가장 큰 영향은 중력일 것이다. 아무리 높이 뛰려 해도 우리는 중력을 이기지 못하고 떨어진다.

거대한 지구를 생각해 보니 '떨어진다'라는 표현이 어색해졌다. 떨어진다는 의미는 '아래'라는 방향이 존재해야 하는데, 남반구와 적도 부근, 그리고 북반구에 사는 모든 이들의 '아래' 방향이 각각 다르다. 하지만 그 방향의 끝은 같은 곳을 가리키고 있다. 바로 지구의 중심이다. 그러니까 '떨어진다' 보다 '끌려간다'가 더 자연스러운 표현처럼 느껴진다. 지구의 중력을 이기고 지구에서 탈출하려면 힘이 필요하다. 얼마 전 나로우주센터에서 쏘아 올린 발사체 같은 엄청난 추진력이 있어야 한다. 지구는 우리가 생각한 것보다 훨씬 큰 천체다.

우리 몸은 지구가 중력으로 끌어당겨 지구 표면에 붙여 놓은 셈인데, 우리는 온전히 자신의 의지라고만 생각한다. 걸어다니는 것, 중력을 거슬러 산에 오르는 것, 높이 뛰는 것 모두 자유의지라 생각한다. 우주에서 바라본 우리의 모습은 다소 우스꽝스럽고 애처롭게 보일 수도 있겠다. 거대한 구체 위에서 벗어나지 못하고 표면에 붙어있는데도 자유롭다고 느낀다. 우리는 그 거대한 존재와 힘을 거의 무시한 채 살아간다.

나는 내가 밟고 선 땅이 얼마나 큰지 직접 본 적이 없다. 기껏해야 여행이나 출장 때 탔던 비행기의 창문을 통해 본 게 전부인데, 그래봐야 높이 10km 정도를 벗어나지 못한다. 인공위성 궤도의 높이에서 바라보지 않는 한 지구가 둥글다는 것조차 느끼지 못한다. 지구에 비해 한없이 작은 존재가 표면에 붙어 바라보는 대지의 모습은 그저 광활한 평면일 뿐이다. 심지어 지구는 자전하고 있는데도 그 속도감조차 느끼지 못한다. 차를 타면 창밖 거리 풍경으로 속도감을 가늠할 수 있겠지만, 지구에서 바라본 지구 바깥의 풍경은 어둡고 먼 거리에 있는 천체가 전부다. 이런 모든 것들은 우리의 속도 감지 능력을 무디게 만든다. 하지만 우주에서 바라본 지구는 적도에 있는 사람이 1초에 500m를 이동하는 것처럼 보일 정도로 빠르게 운동한다. 여기에 더해 지구는 초속 30km의 속도로 태양 주위를 공전한다. 그러니까 지구 위에 있는 사람은 우주 공간에서 보면 나선운동으로 빠르게 이동하고 있는 셈이다. 우리가 이 모든 물리학적 힘을 직접 느꼈다면 살아갈 수 없을 것이다. 이 힘을 느끼지 않고 살아갈 수 있는 건 중력 덕분이다. 우리에게 지구는 정지해 있는 것처럼 느껴진다. 벽에 붙어 있는 지도처럼 2차원 평면의 모습을 가진 단단한 고체 덩어리는 우리 삶에 어떠한 간섭도 하지 않는다. 그래서 누구도 지구가 살아있다고 생각하지 않는다. 가끔 지구가 우리 삶의 터전을 뒤흔들기 전까지 말이다.

* * *

지구 내부 비밀의 열쇠는 지구의 밀도를 아는 것이다. 밀도는 부피와 질량을 알면 된다. 사실 지구의 크기는 기원전 3세기부터 측정이 시도되어 15세기에도 근사치를 알고 있었다. 지구 질량을 알아내게 된 것은 뉴턴의 만유인력의 법칙 덕분이다. 가령 산맥과 같은 지구 위 거대한 물체 부근의 추는 지구의 중력과 산맥의 중력이 함께 영향을 받아 산 쪽으로 약간 기울어진다는 추론에서 출발했다. 두 물체가 끌어당기는 정도는 각각의 질량에 비례하고 거리의 제곱에 반비례하기 때문이다. 뉴턴은 자신의 책 《프린키피아》에서 지구가 완벽한 공 모양이 아니라고 주장한다.

무모한 것 같은 실험이지만 과학자들의 호기심과 도전은 계속됐다. 뉴턴의 이론을 반박하고 싶었던 당시 과학자들은 적도 근처 안데스산맥으로 탐사를 떠났고, 뉴턴의 이론이 맞았다는 사실을 확인했다. 탐사 덕분에 지구의 밀도를 측정할 방법을 찾은 것이다. 영국의 물리학자이자 화학자인 헨리 캐번디시는 측정 방법을 실험실로 옮겨온다. 158kg의 둥근 납덩이로 만든 비틀림 저울을 고안해 지구의 밀도를 $5.45g/cm^3$ 라고 밝힌다. 이때가 1798년인데, 지금 인류가 밝힌 지구 밀도는 $5.25g/cm^3$이니 정교한 측정 장치가 마련되지 않은 시기에 꽤 정확한 값을 알아낸 것을 알 수 있다. 그런데 우리가 밟고 있는 대지의 밀도는 결과치의 절반가량인 $2.5 \sim 3g/cm^3$이다. 결국 지구 내부에는 밀도가 더 큰 어떠한 것이 존재해야 했다.

＊ ＊ ＊

인류가 아는 원소는 118개이다. 이 원소들을 원자량, 그러니까 질량과 성질을 바둑판 같은 곳에 배열한 것이 주기율표다. 수소와 헬륨으로 만들어지기 시작한 별은 26번 원소인 철까지 만들고 폭발한다. 그리고 그 폭발력으로 철보다 무거운 나머지 원소를 만든다. 물론 최근 중력파 검출로 중성자별의 충돌이 철보다 무거운 원소가 만들어진다는 또 다른 탄생 경로를 발견했다. 별 주변으로부터 가까운 행성은 이런 무거운 원소를 중심으로 뭉쳐지며 만들어졌다. 철은 가장 안정적인 원소이며 지구상에 풍부하게 존재했다. 지구 내부 핵은 철로 가득 차서 지구를 거대한 자석으로 만들었다. 이런 이유로 지구 주변에는 자기장이 만들어지고, 생명체는 자기장으로 보호받기 때문에 태양의 강한 에너지로부터의 생존이 가능하다. 우리는 그 방어막을 '오로라'라는 아름다운 우주쇼로 볼 수 있다.

이제 표면으로 가 보자. 원판 모양의 피자 가장자리를 크러스트(Crust)라고 부르는 것처럼, 구형의 지구 표면인 지각을 '지구 가장자리', 영어로는 'Earth crust'라고 부른다. 지구 내부를 보면 마치 3피스 골프공처럼 층이 구분돼 있다. 지각은 가장 바깥 표면층으로, 전체적으로 평평하지만 일정하지 않다. 두껍고 높이 솟은 곳이 산이 되고 육지가 되며 얇고 낮은 곳에서는 물이 고여 바다를 만든다.

지각을 구분하는 그 아래층과 경계는 '모호면'이라 부른다. 경계가 흐리터분하고 분명하지 않아 모호(模糊)하다는 것이 아니다. 1909년 유고슬라비아의 지진학자 안드리야 모호로비치치는 지진파의 속도가 지표면 아래 약 50km 부근에서 빨라진다는 사실을 알아내 아래에 성분이 다른 물질로 이루어진 불연속면이 있다는 가설을 세웠다. 그리고 곧 그의 가설은 증명됐다. 이처럼 지각 아래 맨틀과 경계를 이루는 면을 모호로비치치 불연속(Mohorovicic Discontinuity)이라 하고, 약식으로 '모호면'이라 한다. 지진파가 맨틀에서 빨라진 이유는 밀도가 지각보다 크기 때문이다. 맨틀은 점성이 있는 암석으로 구성됐다고 알려졌다. 파동이 밀도가 높은 곳을 빨리 통과하는 것은 포장이 잘 된 도로를 달리는 것과 같다. 거리가 멀어도 비포장도로보다 빨리 파동이 도착할 수 있는 것이다.

불연속 지각은 수직 방향에만 있는 것이 아니다. 평면 방향으로도 불연속적이다. 한 덩어리일 것 같은 지각은 조각나 있다. 지각은 수평 방향으로 잡아당기거나 밀며 발생하는 압력과 중력의 영향을 받아 끊어지게 된다. 마치 말라버린 논바닥이 갈라진 것처럼 불연속적이다. 끊어진 지층이 움직이지 않으면 절리(節理)라고 부른다. 제주도나 한탄강 일대에 육지로 솟구친 주상절리는 고온의 용암이 솟구치며 찬 공기나 물과 만나 급격한 냉각과 수축하는 과정에서 의해 기둥 모양 돌들이 다발로 나타나서 붙여진 이름이다. 이 끊어진 지층이 움직였다면 다른 이름인 '단층'이 된다. 지진은 단층이 활성화된 장소에서 일어난다.

지각은 절리와 단층으로만 구분된 것이 아니라 거대한 판(板)에 포함된다. 그러니까 지구 표면은 여러 개의 판이 있고 각각의 판이 맨틀의 움직임에 영향을 받으며 화산이나 지각 변동을 일으킨다는 것이다. 이를 '판구조론'이라고 한다. 이 이론은 그동안 등장한 대륙 이동설, 맨틀 대류설, 해저 확장설의 종합판 이론이다. 일본, 동남아, 인도네시아, 북아메리카 일대의 지각 활동이 이 이론으로 설명된다.

이 중 대륙 이동 혹은 대륙 표류설은 무척 흥미롭다. 현재는 5개의 대양과 6개의 대륙으로 구분해 있지만, 표류하는 속도와 방향을 알고 있으니 시간을 거꾸로 돌리면 이 대륙들의 과거의 모습을 볼 수 있다. 대륙은 지금도 조금씩 움직인다. 지구는 과거의 시간과 환경을 지각에 고스란히 증거로 남겨 놓는다. 이 증거가 바로 생명체의 존재를 확인할 수 있는 화석이다. 남아메리카와 아프리카에 시노그나투스(Cynognathus)의 화석이 공통적으로 발견됐다는 것은 그들이 대륙을 통해 이동했다는 것이고, 당시 두 대륙이 연결돼 있었다는 뜻이다. 대륙에 걸친 생명체 화석의 분포는 판게아의 존재를 증명하는 중요한 증거이다.

독일의 기상학자 알프레드 베게너는 이 연결된 거대한 하나의 대륙을 판게아(Pangaea)라고 불렀다. 판게아는 '지구 전체'라는 의미를 갖는 그리스어 팡가이아(Pangaia)에서 유래했다. 모든 대륙이 하나로 합쳐졌던 시기는 약 2억 5천만 년 전으로 본다. 이후 움직이던 대륙은 중생대에 들어서던 1억 8천만 년 전, 2개의 대륙으로 나뉘기 시작했다. 현재 대륙의 모습을 갖추기 시작한 것은 약 6천 5백만 년 전으로 본다. 거시적 시간 규모에서 보면 이런 지각의 변화는 엄청난 재앙일 것 같지만, 미시적인 시간으로 보면 엄청나게 느린 활동이다. 우리가 지금 느리게 움직이는 땅을 밟고 서 있는 동안 땅의 존재를 무생물처럼 여기는 것처럼 대부분 생명체는 아무 일 없이 살아갔을 것이다. 가끔 있었던 지진이나 화산 활동을 제외하면 말이다.

2장 ✛ 충돌

전 세계인이 고통받았던 팬데믹은 새로운 판게아의 탄생으로 벌어졌다. 겉보기에는 대륙과 국가로 분리돼 있지만, 현재의 인류에게 대륙과 국가 경계는 더 이상 무의미하기 때문이다. 자연은 대륙을 자연스럽게 나누고 각각의 생명체가 그 환경에 적응해 살아가도록 했었는데, 인류는 그걸 비빔밥처럼 뒤섞어 버렸다. 각자의 삶의 터전이 뒤섞여 버린 것이다. 자연에 반한 행위의 주체는 바로 인류다.

초대륙이 형성되다

알파(Alpha), 브라보(Bravo), 찰리(Charlie), 델타(Delta), 에코(Echo)…… 생소하다면 생소하고 익숙하기도 한 용어다. 나의 군복무 시절 보직은 통신용 알파벳을 사용하는 작전병이었다. 군사 작전에서는 소통에 혼동되지 않도록 영문 알파벳을 그대로 사용하지 않고 알파벳이 포함된 단어를 사용한다. 앞서 말한 저 용어는 A, B, C, D, E……를 의미하는 것이다. 이를 포네틱 알파벳(Phonetic Alphabet)이라 부른다. 포네틱 알파벳을 쓰면 잡음이 많은 무선 통신에서 오류를 줄일 수 있다. 특수한 분야에서 사용하는 이런 알파벳 중에는 그리스어로 된 것도 있다. 수학과 과학 분야에서 원주율이나 각도를 표시하는 파이(π)나 세타(θ)는 널리 사용된다. 물론 일반인에게 다소 생소한 엡실론(ε), 람다(λ), 뮤(μ) 등도 있지만 알파(α), 베타(β), 감마(γ), 델타(δ), 오메가(ω)처럼 일상에도 자주 사용되는 문자도 있다.

　최근 생소한 그리스어 알파벳 하나가 우리의 일상에 들어

왔었다. 오미크론(O)이다. 코로나19 바이러스가 계속해서 변종을 만들어 세계보건기구(WHO)는 지배종에 공식적으로 이름을 붙였다. 코로나19가 처음 발견된 이후 여러 지배종이 있었고, 네 번째 변종은 델타 바이러스였다. 오미크론은 순서로 보면 열세 번째이다. 이름이나 순서에 특별한 의미는 없으며, 발견한 순서대로 알파벳이 붙여진다. 지금은 더 많은 변종이 발견되고 있다. 아직 지배종에 대한 선언을 하지 않았을 뿐이다. 여기서 알 수 있는 것은 우리가 감염병 대유행을 견디는 동안 바이러스도 무척 부지런해졌다는 것이다.

바이러스 확산은 멱함수 분포를 따른다. 우리가 격리를 하며 관계를 끊어낸 대상은 우리의 사회관계망이다. '케빈 베이컨 지수'라는 용어를 아는가? 케빈 베이컨은 미국의 영화배우다. 케빈 베이컨은 대학생들이 좋아하는 토크쇼에 출연해 자신이 신이라는 것을 증명하겠다는 황당한 제안을 했다. 대학생들이 언급한 다른 배우들과 자신이 어떻게 연결되어 있는지를 보여 준 것이다. 신기하게도 당시 대부분의 헐리우드 영화배우는 2~3단계만 거치면 케빈 베이컨과 연결됐다. 이런 연결 짓기 개념은 더 오래전부터 연구됐다. 1967년에 하버드대학 심리학 교수인 스텐리 밀그램이 '작은 세상 실험(Small World Experiment)'으로 미국 사람들은 누구든 6단계면 모두 연결된다는 사실을 검증했다. 2004년에 한국은 3.6단계였다. 작은 세상은 멱함수의 전형적인 특징이다. 지금은 그 지수가 더 낮아졌다.

멱함수 분포는 상위로 올라갈수록 기하급수적으로 숫자가 커지는 분포를 말한다. 《어린왕자》에 나오는 보아뱀처럼 가운데가 볼록 튀어나온 곡선 그래프인 정규분포와 다른 형태를 띤다. 이제 멱함수의 예를 들어 보자. 최근 몇몇 직업은 멱함수 분포를 이룬다. 운동선수의 경우, 상위 1%와 하위 1%의 연봉이 극명하게 차이가 난다. 프리미어리그에 속한 팀에 합류하는 톱스타의 몸값은 일반인의 상상을 초월한다. 최근 '네(이버)카(카오)라(인)쿠(팡)배(달의민족)당(근)토(스)직(방)야(놀자)'는 요즘 MZ 세대가 선호하는 직장 순위다. 연봉은 물론 복지 수준이 상위 1%에 속한다. 하지만 여기에 근무하는 인력은 극소수이다.

네트워크는 구성 요소와 그 흐름의 주체에 따라 다른 양상을 띠는데, 일반적으로 멱함수가 되는 네트워크의 경우 효율, 생존과 관련이 깊다. 최대한 효율적으로 연결해야 생존할 수 있다는 시스템이 멱함수 분포를 따른다. 바이러스도 마찬가지로 이 효율을 따라 생존을 유지하려 든다. 인류의 사회적 분포에 포함돼 가장 널리 퍼져 가는 형태를 취하는 것이 바이러스이다. 바이러스의 전파를 알려면 사회 구조적 형태를 알아야 한다. 그런데 사회 전반에 지금까지 지식으로 축적한 사회 과학이 좀처럼 현실 세계의 변화를 따라잡지 못하는 구조적 변화가 일어났다. 대기업과 공무원이 최고인 시대가 저물었고, '네카라쿠배당토직야'가 뜨고 있다. 한 직장에 오래 근무하는 것도 이제 흔치 않다. 최근 화학과를 지원하는 이유의 절반 이상은 조향사와 같은 직업을 가지기 위함이다. 그러니까 현재 우리는 19세기식 사회 구조적 지식을 가지고 21세기의 질병에 대항하는 셈이다. 우리 사회 네트워크에 대해 다시 질문을 던질 시점이다.

코로나19 바이러스가 처음 발견된 곳은 중국 우한이다. 2019년 12월에 우한에서 시작된 감염병은 1달여 만에 내가 살고 있는 대한민국 고양시에 도착했다. 과거 물리적 지형이나 거리는 인류의 이동에 있어서 가혹한 경계였다. 날개가 없는 인류에게 삶에서 멀리 떠난다는 것은 불안하고 두려운 일이었다. 운송 수단의 변화로 혹독한 지형과 거리를 극복하지 못했다면 대부분의 사람은 터전에서 벗어나는 걸 두려워했을 것이다. 그랬다면 그 경계와 공간적 고립이 더 안전하다고 생각했을지도 모르겠다.

인류는 호기심과 욕망이 가득한 생명체이다. 운송 수단은 그 호기심을 상상의 영역에서 실제 세상으로 옮겼다. 1492년, 콜럼버스는 배를 타고 험난한 대서양을 건넜다. 약 500년 전에 대서양을 생태학적 지도에서 지우고 아메리카와 유럽, 아프리카 대륙의 경계를 붙여버린 사건이 바로 콜럼버스 대항해였다. 그런데 당시 유럽에서 건너간 건 사람만이 아니었다. 동물과 식물, 그 몸에 타고 있던 미생물까지 건너갔다. 유럽의 생명체가 생태학적 천적이 존재하지 않는 장소로 옮겨진 것이다. 1518년의 천연두를 시작으로 17세기까지 마치 비행기가 활주로

에 연착륙하듯 온갖 미생물들이 차례차례 남아메리카를 초토
화했다.

＊ ＊ ＊

지금은 6개의 거대한 대륙이 거대한 바다로 분리됐고, 대륙 안
에도 보이지 않는 경계로 국가가 나뉘어 있지만 하늘길은 늘
열려 있다. 코로나19 대유행 이전의 하늘에는 하루에만 22만
5천 대의 비행기가 지구 상공을 돌며 사람, 동식물, 문명의 산
물을 옮겼다. 이를 두고 '국경 없는'이란 수식어를 붙였는데, 대
륙과 국가의 경계가 무색할 만큼 전 세계가 하나로 연결된 초
공간의 시대를 말한다. 운송 수단은 분리된 인류 터전을 거대
한 판게아로 봉합하는 실과 같다. 오미크론이 아프리카의 보츠
와나에서 처음 등장하고 얼마 지나지 않아 곧 우리나라의 우세
종이 된 것을 보면 지금의 국경과 대륙은 그저 논리적 구분일
뿐이다.

　　또한 온라인은 지구를 하나의 정서적 부락으로 만들었다.
현 인류는 같은 문명권 부락에 살고 있다고 생각해도 될 정도
다. 요즘 그러한 부분을 더욱 실감하게 된다. 우리나라의 음악
과 영화로 전 세계인이 춤을 추고, 달고나를 만들어 먹는다. 이
런 문명의 대륙적 봉합이 수평적으로 보일 수 있지만, 여기에
는 또 다른 수직적 서열이 형성되어 있다. 우리는 만나지도 못
했고 앞으로도 만날 일 없는 사람들과도 비교하고, 경쟁하고

있다. 전 세계인을 세워놓은 줄에서 나의 위치가 어디쯤인지를 매일 점검하게 되었다. 거기서 한 칸이라도 더 올라가기 위해 늘 바쁘고 부지런하게 살았다. 동시에 느끼는 박탈감은 넓혀진 넓이에 비례한다. 그래도 많은 이들이 이게 옳다고 믿고 살고 있다.

혼란스럽다. 엔데믹이 온다 해도 이미 인류는 과거의 모습으로 돌아가지 않을 것이다. 많은 것들이 변했으며 민낯이 드러났다. 민족주의는 더 강해졌고, 부의 격차는 더 벌어졌다. 같은 공간에서도 마치 다른 행성에 살고 있는 듯한 모습이다.

동시에 우리는 거대한 판게아로 봉합하는, 지금까지 보지 못했던 초대륙의 형성에 직면했다. 바로 메타버스. 메타버스에서는 이미 실세계와 가상세계를 봉합하는 일이 심심찮게 벌어지고 있다. 추운 핀란드의 '윈터 원더랜드 머신'에 눈을 퍼서 담으면 더운 싱가포르의 래플스시티 매장에 눈을 뿌려 준다. 두 세계가 결합하니 멋진 일이 벌어진다. 어쩌면 메타버스는 신자유주의 이후 격화하는 격차와 불평등을 해소할 수 있는 출구일 수도 있다. 현실 세계에서 이룰 수 없는 일들을 가능하게 할 수도 있기 때문이다. 이런 거대한 봉합이 이뤄지기 전인 지금, 미처 생각이 닿지 못한 부분은 없는지 고민해야 한다.

* * *

얼마 전 음식점에 설치된 주문 키오스크 앞에서 어느 노인 부부의 모습을 보게 됐다. 노인들은 화면을 몇 번 만지다가 잘 되지 않자 발길을 돌려 문을 나섰다. 점원에게 도와달라고 하면 되지 않겠느냐고 반문할 수도 있다. 직원은 그 순간에는 도와줄 수 있어도, 타인에 의지하는 존재가 돼 버린 무력감은 도와줄 수 없다. 이제 바뀐 세상에 적응하지 못하면 차별 대상이 된다. 노인들은 언택트시대에서 비용을 줄이려는 미래의 기업에 존재하지 않는 고객일지도 모른다. 이것은 일종의 디지털 고립이며, 꽤 구체적인 차별이다. SNS와 같은 서비스는 사용하지 않으면 그만이지만, 먹고 사는 기본적인 삶의 양식은 다른 문제이다. 몸은 여전히 물질세계에 있는데, 삶은 매트릭스에 존재해야 일상을 누릴 수 있는 세상이 온다.

최근 메타버스로 기획되는 많은 사례를 보면 꽤 흥미롭다. 동시에 이 모든 축복은 변화를 수락한 사람에게만 해당할지도 모른다는 생각도 들었다. 백신을 맞고 항체를 탑재해야만 누리는 패스포트 같은 것이다. 의도적이든 그렇지 않든 거대한 기계로만 보이는 세계에 참여가 아니라 복종해야 한다는 감정으로 다가오는 이들도 있을 것이다. 나 자신도 언젠가 그 키오스크 앞의 노인들처럼 변화에 무력화될지도 모른다. 그때가 오면 삶의 양식 대부분을 포기하고 스스로 고립되는 게 안전할 수도 있겠단 생각도 들었다.

수학에서 전체(All)를 의미하는 논리기호는 알파벳 A를 뒤집어 '∀'로 표현된다. 그리고 어떤 집단 혹은 집합에 존재하지 않는다(Not An Element)는 의미로 '∌'기호를 사용한다. 일종의 뺄셈이 들어 있는 것이다. 지금 우리에게 다가오는 미래라는 거대한 기계에는 어떤 논리적 기호가 프로그램돼 있을까? 키오스크 앞의 노인이 느낀 무력감은 공리라는 논리로 계산된 의도된 뺄셈일까? 아니면 미처 생각하지 못한 오류 정도로 여겨야 할까.

물론 뺄셈이 필요한 경우도 존재한다. 현재 기후 변화는 온실가스의 뺄셈을 요구한다. 하지만 그 대상이 자연 생명체인 경우에 누군가는 전체(∀)를 고민하고 있어야 한다. 아무런 고민 없이 최대 다수의 이익을 말하는, 그리고 인류만의 이익을 바라는 공리주의적 잣대를 대는 게 능사는 아닐 것이다. 지금의 우리 모습이 질병을 잔뜩 싣고 신대륙으로 가고 있는 콜럼버스와 같진 않을까. 스스로에게 질문도 변화도 하지 않고 막연한 기대와 낙관적 희망으로 미래를 기대하는 건 무리가 아닐까. 답을 얻지 못한 나는 우주의 밤하늘에 나만의 신호로 질문을 보내 본다. 우리는 어디로 가고 있는가?

자유의 상징은 완전한가

미국 뉴욕은 세계 자본의 심장부라 불린다. 세계 금융경제의 화폐를 혈관을 타고 온몸을 흐르는 피에 비유한다면 뉴욕 맨해튼은 '심장'이란 말이 적절한 아날로지다. 또한 뉴욕은 자유의 상징을 가지고 있기도 하다. 그 상징물은 맨해튼섬의 뉴욕증권거래소 옆 배터리 공원에서 배를 타고 볼 수 있는 자유의 여신상이다. 뉴욕에 가면 당연히 들러야 하는 관광코스다. 내가 처음 이 여신상과 만난 날은 유난히 볕이 좋았었다. 옅은 아쿠아그린 광채로 덮인 거대한 구조물에 압도당했던 기억이 있다.

자유는 무겁고, 중후하고, 경외의 대상으로 다가왔다. 미국의 이 거대한 구조물은 '자유와 평등의 나라'라는 이미지를 묵직하게 풍기고 있었다. 동상의 재료는 금속이었다. 돌보다 강한 금속을 사용한 것은 자유와 평등의 굳건함과 영원을 약속한다는 함의 때문일까. 그런데 여신상 아래에서는 보수공사가 한창이었다. 어쩌면 우리가 그토록 염원하는 자유와 평등은 여신상처럼 끝없는 손길이 가야 하는 일인지도 모르겠다.

1865년, 여신상이 세워지기 21년 전에 프랑스는 미국이 영국에서 독립해 민주 공화제를 실시하고 노예제도마저 폐지하며 자유를 실천하는 데 대해 고무돼 있었다. 프랑스와 미국의 관계는 각별했다. 자유와 평등, 박애를 선언한 프랑스혁명이 훑고 지나간 프랑스인들에게 그들의 정신과 일맥상통하는 미국의 행보는 목표의 실현과 같았을 것이다. 프랑스는 미국의 독립 100주년을 기념해 동상을 선물로 보내기로 한다.

동상 제작의 총책임자로는 프레데릭 오귀스트 바르톨디라는 예술가를 선정했다. 바르톨디는 독일의 통치하에 있던 프랑스인이었고, 프러시아와 프랑스의 전쟁인 보불전쟁에 참전했다. 나는 그가 디자인한 여신상의 모델이 누군지 궁금했다. 분명 프랑스의 선언과 희망을 담아낼 만한 인물일 것이라고 생각했다. 도슨트의 대답은 모든 예상을 비켜 갔다. 동상의 모델은 다름 아닌 바르솔디의 어머니였다. 모든 사람들의 인권과 자유를 누구보다도 갈망하는 사람은 이들의 '어머니'가 아닌가. 이 이야기를 듣고 동상을 보니 납득이 갔다.

이 엄청난 크기의 여신상 신체는 조각으로 나뉘어 제작됐다. 바르솔디는 나뉜 신체별로 실물 크기의 나무 모형을 조각했다. 수백 개로 나뉜 나무 블록을 틀로 삼아 구리판을 위에 얹어 두들기고, 넓게 늘려 붙이는 방식으로 동상의 외피를 만들었다. 그리고 뼈대를 이루는 금속 철제 구조물에 각각의 블록을 붙여 조립하는 방식이었다. 여신상은 10년 동안 제작되어 1884년 7월 4일 미국의 독립기념일에 맞춰 파리에 있는 미국 대사관에서 처음 공개됐다. 이를 구경하러 온 엄청난 인파가 파리로 몰렸다. 건물 15층 높이의 금속으로 만들어진 동상의 위엄이 대단했을 것이다.

철로 만든 조형물이라고 하면 대부분 프랑스 파리 시내에 랜드마크로 우뚝 선 에펠탑을 생각할 것이다. 하지만 에펠탑은 자유의 여신상보다 이후인 1889년에 세워졌다. 당시 파리 시내의 건물은 높아야 5층 정도였다. 낮고 아름다운 건물이 거리를 메운 도심 풍경에 홀로 우뚝 솟아 있는 여신상은 규모에서 느껴지는 압도감도 있었겠지만, 먼 우주에서도 알 수 있게 하려는 갈망이 느껴져 엄숙하고 경외로웠을 것 같다. 물론 이 거대한 조형물은 한 사람만의 솜씨는 아니다.

동상의 내부 공학적 설계는 프랑스 토목공학 기사가 담당했는데, 그의 이름은 알렉산더 구스타브 에펠이다. 이름에서 짐작했겠지만 그는 에펠탑을 만들었다. 그는 철을 잘 다루는 재능 때문에 소위 '철의 마법사'로 불렸다. 실제로 에펠은 이전부터 굵직한 대형 철교 건설로 이름을 알리기 시작했다. 철이 가진 독특한 매력에 빠진 그는 상상력을 철에 녹여내며 프랑스뿐만 아니라 유럽 주변국에도 그의 흔적을 남겼다. 철은 석탄과 함께 영국을 상징하는 물질이었지만 철교 건설에서는 프랑스가 영국을 뛰어넘었던 것이다. 당시 철을 다루는 최고의 전문가가 프랑스 최고 조각가의 지휘 아래 프랑스의 마음을 미국의 심장에 심은 작품이 자유의 여신상이다.

현재의 여신상 모습은 당시의 모습과 약간 다르다. 유리와 청동으로 만들어진 횃불은 금박이 입혀졌고, 내부에 수력 엘리베이터가 설치됐으며, 왕관 주변에 설치된 25개의 유리 전망대에서 자본의 심장부를 관망할 수 있다. 하지만 화학자의 관점에서 바라봤을 때 에펠의 작품에는 아쉬운 점이 없지 않다. 구조적인 면에서 위험한 부분이 있기 때문이다. 에펠은 대학에서 화학을 전공했는데, 여신상의 구조가 위험할 수 있다는 것을 정말 몰랐을까? 후문에는 바르톨디가 에펠의 설계가 위험할 수 있다는 것을 알고 있었다고 한다. 예술가, 특히 조각가는 미술적 부분만 고려하는 것이 아니다. 궁극적인 표현을 완성하기 위해서는 재료의 성질도 잘 알고 있어야 한다. 건축가들이 공학자가 아닌 예술가임에도 불구하고 건축 재료를 고려하는 것과 유사하다. 그럼에도 바르솔디가 이 조형물이 이집트의 유물보다 오래 갈 것이라고 언급했다는 것에는 의문이 남는다.

사실 에펠이 처음부터 바르톨디에 의해 간택된 것은 아니었다. 바르톨디는 외젠 에마뉘엘 비올레 르 뒤크의 설계를 선호했지만, 1879년에 뒤크가 사망하는 바람에 에펠을 찾아간 것이었다. 아쉬움이 남긴 해도 프랑스는 최선을 다했다. 하지만 그에 비해 미국의 여신상에 대한 대접은 허술하기 그지 없었다.

1886년 지금의 리버티섬의 옛 이름인 베들로섬에 여신상이 세워진 후부터 미국의 태도는 실망스러웠다. 영국의 산업 혁명 이후 그 성과물이 미국에서 봇물처럼 터졌다. 성장에 취한 미국은 그 가치를 뒷전으로 미뤄둔 것일까. 여러 정부 기관으로 관리 책임이 전가되었고, 보존 가치를 인정받을 때까지 50년이 흘렀다. 그 기간 동안 세계전쟁이라는 격변의 시기도 통과했으니 동상의 관리에 소홀한 부분도 이해는 간다. 다만 당시 전 세계에서 가장 높은 철제 조형물이었고, 미국의 영혼을 상징하는 것임에도 방치된 것은 여러모로 아이러니다. 자유와 평등은 당시 미국이 전쟁에 개입했던 명분이 아니었던가.

* * *

레이건 대통령 재직 시절인 1983년~1986년에 4년에 걸친 대대적인 복구공사가 이뤄졌다. 그 전까지는 제대로 된 전문가조차 할당되지 않았다. 세워진 지 100년 가까운이 지나며 녹이 금속을 집어삼키면서 떨어져 나갔고, 여신상은 아슬아슬하게 버티고 있었다. 녹슬지 않은 곳은 100년 넘게 사람들에게 보여진 동판의 바깥쪽뿐이었다. 안쪽은 멀쩡한 곳이 하나도 없었다. 다 닳아 없어진 연골을 인공관절로 채우듯 뼈대는 스테인리스강으로 교체되었다.

　우리가 그토록 염원했던 자유와 민주주의는 이제 몇몇 국가를 제외하고 전 지구적으로 확대됐다. 하지만 정말 우리는 자유롭고 평등하며 완전한 사회에 살고 있는 게 맞을까? 여전히 전쟁은 어디선가 일어나고 있으며, 차별도 존재하고, 자본은 사회를 공정하지 않게 만들어 편향과 양극화의 추동력이 됐다. 자유와 평등이 곪아 터졌음에도 공정하다는 착각을 하면서 21세기를 살아가고 있는 우리의 모습은 녹슨 여신상과 너무나 닮았다.

우리는 눈앞에 놓인 우리 사회의 각종 의제에 관해 직접적인 행동을 하지 않고, 심지어 이야기조차 꺼내려 하지 않는다. 당장 내 통장에 꽂히는 숫자와 깔고 앉아 있는 부동산에 우선가치를 둔다. 자신은 물론 아이들의 미래를 담보로 자유를 뺏고 성장의 틀에 스스로를 가뒀다. SKY는 꿈이 있는 하늘이 아니라 성공의 만능열쇠가 되어 모든 이들을 피라미드의 꼭대기로 향하게 한다. 그 끝에 다다르기 위한 효율적 성장과 성공에 방해되는 소수와 공동체, 혹은 인프라는 눈앞에서 치워 버린다. 그 외의 문제에서는 모두 다 침묵한다. 긴 시간 안에서 보면 더 가치있는 의제를 담론으로 꺼내기 불편한 이유는 성공에 방해되기 때문이다. 기후가 변해도 당장 화석연료와 그 산물인 플라스틱을 사용하지 않으면 불편하다. 그래서 우리는 익숙한 비겁함을 선택한다.

앞만 보고 열심히 살았더니 어느 날 '선진국'이라는 이름표가 붙었다. 세계 어디를 가도 뒤지지 않을 만큼 성장했다. 하지만 OECD 국가 중 자살률 1위(2022년 통계청 기준)다. 겉은 멀쩡하지만, 여신상의 내부처럼 불안하다. 우리가 얻은 지금의 모든 것은 우리 혼자 이루어 낸 것이 아니다. 거기에는 누군가의 희생이 있었다. 그 희생의 공동체를 잊는 순간 우리 자신도 사라질지도 모른다.

연금술사의 꿈

코로나19로 그동안 옳다고 믿었던 세계 질서와 제도가 무너진다. 힘겹게 삶을 부여잡으며 지내고 있을 무렵, 약해질 대로 약해진 세계 경제구조에 기름을 붓는 사건이 터졌다. 2022년 2월말, 러시아가 우크라이나를 침공한 것이다. 좀처럼 종전의 기미는 보이지 않고, 이 글을 쓰고 있는 지금도 이어지고 있다. 그 전쟁은 부끄러울 정도로 인류의 민낯을 드러냈다. 21세기 인류가 마치 20세기 초에 벌어진 전쟁처럼 실행한 셈이다. 피해는 거기에서 그치지 않았다. 곡물과 연료 가격의 상승과 함께 이를 토대로 건설된 모든 상품의 가격이 올랐다. 그 폐해는 고스란히 전 세계가 입고 있다. 20세기 소련의 붕괴와 함께 끝난 줄 알았던 냉전시대는 중국이 그 자리를 대신해 새로운 갈등이 시작됐다. 이 갈등은 이전의 냉전과 다르다. 중국이 그 이전의 중국이 아니기 때문이다. 모든 것이 최악으로 진행된다면 전 세계가 대공황을 겪게 될 것이고, 지금은 대공황의 전조 현상인

인플레이션이 현실화되고 있다.

　모든 것이 나빠질 때 항상 거꾸로 가치가 상승하는 것이 있다. 바로 금이다. 금 시세는 물가와 관련이 깊다. 실물자산이기 때문이다. 그러니까 물가가 상승하면 금 시세는 오르게 돼 있다. 금이 실물자산임을 누구도 부정하지 않는다. 금은 형용사처럼 사용되기도 한다. 최근 채솟값과 육류 값이 상승하니 금채소, 금고기 등으로 부른다.

　앞서 다룬 철과 금은 과학의 눈으로 보면 둘 다 금속 원소일 뿐이다. 성질로 보면 금이 전기를 더 잘 흐르게 한다며 단단함에서는 철에 한참 뒤진다. 그런데 두 금속을 대하는 인류의 태도는 확연히 다르다. 금이 이런 가치를 갖게 된 이유는 희소성 때문이다. 물질의 희귀함은 인간의 소유욕과 연결돼 있다. 금의 또 다른 특징은 잘 파괴되지 않는다는 것이다. 아무리 귀해도 잘 파괴되면 무슨 소용인가. 그런데 지구상의 어떤 생명체도 인간처럼 물질에 가치를 부여하고 열광하지 않는다. 인간이 유일하다. 금의 과학적 정체를 잘 몰랐던 시절에도 금은 인류에게 본질 이상의 대우를 받고 있었다.

　우리는 하는 일마다 성공하는 사람을 일컬어 '미다스의 손(Midas Touch)'을 가졌다고 말한다. 미다스로 불리는 인물은 신화에서 등장한다. 이 신화에는 올림푸스 최고의 신 제우스의 넓적다리에서 태어난 술의 신 디오니소스가 나온다. 디오니소스의 스승인 실레노스를 미다스가 환대하고 극진히 보살핀 일이 있었다. 이에 대한 보답으로 디오니소스는 미다스에게 소원 하나를 이루어 주겠다고 약속한다. 이후에 찾아올 재앙을 생각지 못한 미다스는 "손에 닿는 것이 무엇이든 황금이 되었으면 좋겠다."라고 말한다. 소원은 즉시 이뤄졌다. 하지만 재앙도 바로 다가왔다. 음식을 먹기 위해 빵을 집어들자 금으로 변했다. 식기와 가구도 금으로 변해버렸다. 심지어 사랑하는 이를 안아 보지도 못했다. 그제야 자신의 소원이 얼마나 어리석었는지 깨달은 미다스는 디오니소스에게 다시 찾아가 빌었다. 그의 간절함에 디오니소스는 팍톨로스강에 몸과 그 죄를 씻으라 했고, 미다스의 능력은 강물에 씻겼다. 이후에 그 강에는 사금(砂金)이 많아졌다고 한다.

우리는 이 이야기에서 황금이라는 물질에 대한 인류의 욕망을 경계한다는 교훈을 받아들인다. 흥미로운 사실은 신화 속의 미다스 왕과 같은 이름을 가진 왕이 실존했다는 것이다. 기원전 8세기쯤 아시아 지역의 한 왕국인 프리지어의 왕이다. 20세기에 발굴된 그의 무덤에 황금은 한 조각도 없었다고 한다. 오히려 없는 게 더 사실적이지 않은가. 금만 보면 치를 떨었을 테니 말이다.

금과 관련한 인간의 욕망은 신화에 머무르지 않고 과학의 영역까지 넘어온다. 이것이 서양에서는 연금술(Alchemy)로 흐름을 이었다. 금의 가치가 귀함은 물론 파괴되지 않는 영원함이라 하지 않았던가. 인류의 욕망은 부의 축적과 유지에 있다.

유지를 위해서는 오래 살아야 한다. 동양에서는 이 흐름이 장수(長壽)와 불사(不死)에 얽혀 연단술(練丹術)로 발전하고 불사의 약을 찾는 역사를 이어간다. 여기에 수은과 납이 등장한다. 진시황제의 무덤에 있는 수은의 바다는 괜히 생긴 것이 아니다. 이집트에서 유럽으로 건너간 연금술은 이런 것에는 관심 없고 오직 황금을 만드는 물질인 '현자의 돌'에 집중한다.

내가 강연을 하며 대중에게 가장 많이 받는 질문이 있다. '정말 납으로 금을 만들 수 있느냐'는 질문이다. 이후 설명하겠지만 결론부터 말하자면, 현재의 과학 기술로는 가능하다. 하지만 곧 의미가 없음을 깨닫게 될 것이다. 연금술은 납을 포함하여 가치가 덜한 금속을 귀금속인 금으로 변화시키는 것으로 아는 경우가 일반적이다. 하필 문자도 납(鉛)을 금(金)으로 바꾸는 기술(術)로 표현됐으니 오해할 만하다. 하지만 실제로는 금속을 단련(鍊)하는 방법이라는 의미가 더 맞다. 금속을 다루는 야금학(冶金學)은 꾸준히 성장했다. 다만 이 금에 대한 인간의 욕망도 꾸준했음을 인정한다.

심지어 금은 예수의 탄생과 더불어 시작된 기독교의 포교를 위한 혈액이자 종교 탄압의 가장 효과적인 수단이 되기도 했다. 한편 금은 중세로 넘어가며 더 중요해졌다. 콜럼버스의 첫 항해 이후 여러 차례 이루어진 신대륙의 착륙은 바로 금이 명분이었다. 15세기 후반 전 세계를 생태학적으로 뒤섞어 버린 사건의 실마리는 금인 셈이다. 그러니 15세기의 금에 대한 유럽의 열망이 얼마나 달아올랐을지 짐작이 간다.

우리는 사회의 공공질서와 공공복리를 추구하기 위해 이에 저촉되는 일을 방지하기 위한 규범과 법을 만든다. 규범이 자율적이라면 법은 강제적이고 엄격하다. 1404년 영국의 헨리 4세는 증식(Multiplication)을 금지하는 법령을 내렸다. 당시 어떤 명확한 이유로 이런 법이 내려졌는지는 정확히 알 수가 없지만, 무언가를 금지한다는 뜻은 그만큼 제어할 필요성이 있다는 것이다. 그렇다면 '증식'이란 대체 무엇일까. 증식 금지법이 다소 모호할 수 있다. 이유는 약 700년 전의 과거 사회와 학문, 문헌과 체제에 대해 자세한 기록이 많지 않았기 때문이다.

인류 문명의 부활은 1417년 르네상스를 기점으로 그나마 다시 시작됐다. 그 전을 암흑시기라고 부르는 이유가 있는 것이다. 내가 아는 한 증식의 정체를 알기 위해서는 2세기 후의 이야기를 알아야 한다. 스위스 연금술사 파라켈수스의 제자인 얀 밥티스타 판 헬몬트는 이른바 알카헤스트(Alkahest)라는, 만능 용매라고도 하며 극단적으로 가장 단순한 형태로 분해된 물질, 알코올로 봐도 무방한 물질에 대한 난해한 제조법을 가지고 있었다. 미국 출신의 연금술사인 조지 스타키가 이 제조법을 해독해 로버트 보일에게 공개했다. 그 제조법에는 안티몬-철-수은을 조합한 합금인 아말감이 들어 있었다.

스타키의 제조법에 의하면, 은이나 금에 아말감을 첨가했을 때 귀금속들이 증식해 더 많이 얻을 수 있었다. 스타키와 보일은 이 현상을 알카헤스트의 입자가 내부에서 재배열하는 크리오포에이아(Chryopoeia)(또는 보다 일반적으로 금속을 만드는 과정)로 설명했다. 지금의 화학은 순도가 낮은 안티모니 광석으로부터 은과 금 불순물들을 제거하기 위한 효율적인 야금 공정으로 이해하고 있다. 결국 증식이란 금과 같은 귀금속을 불리는 행위로, 증식 금지법은 연금술사들이 금이나 은과 같은 귀금속을 만드는 행위를 금지하는 법령이었다. 질서에 반하는 각종 전쟁이나 폭력, 위험물질 등 많은 주의가 필요한 부분에 대해서는 법이 작동해 보호장치 역할을 해야 했다.

16세기까지 연금술이 과학과 무관하게 여겨지기도 하지만, 매우 실용적이고 실험에 기반을 두었다. 금을 만드는 시도에서도 어느 정도 타당성이 있었다는 것은 이런 사실에 기반한다. 중세까지만 해도 연금술은 하나의 학문으로 성립하고 있었지만, 명분을 잃고 만다. 천문학과 연금술은 학문의 전개 과정에서 과도기적 위치나 시기마저 겹치는 면이 있다. 이에 반해 물리학은 달랐다. 한스 리퍼르세이가 최초의 굴절망원경을 발명한 이후, 갈릴레오 갈릴레이가 발전시킨 반사 망원경을 시작으로 천체의 운동에서 많은 것이 인류 앞에 정체를 드러낸다. 그 결과는 물리학의 진보를 이끈다.

물리학과 화학의 차이는 무엇이었을까. 물리학은 관찰과 계산, 해석이 핵심으로 작용했다. 보이는 대상의 운동을 직접 눈으로 관찰하며 거시세계의 자연법칙을 자연스럽게 구축할 수 있었던 반면, 실험을 하더라도 눈에 보이지 않는 미세입자의 정체가 밝혀지지 않은 상태에서의 화학은 검증이나 발전이 더욱 어려운 학문이었다. 미시세계는 상상의 영역이었던 것이다. 안타깝게도 연금술은 쇠락한다. 여러 이유가 있겠지만 근본적인 원인은 하나였다. 어떠한 노력에도 금을 만들 수 없었다는 것이다. 비록 물질 자체를 변화시키는 데는 성공하지 못했지만, 연금술을 연구하는 과정에서 전해 내려오는 수많은 화학적 기초가 축적돼 현대화학에 기여했다. 연금술사들은 저울과 도가니, 플라스크와 증류기와 같은 여러 종류의 화학 실험 기구를 만들었으며, 물질이 변화하는 방법과 접근법을 알아냈다. 과학은 그렇게 이 신비한 물질의 정체를 알아냈고 바꿀 수도 있게 했다. 그런데도 인류가 이 물질을 대하는 태도는 여전하다. 어쩌면 과거보다 더한 것 같다.

왜 우리는 그저 물질일 뿐인 것에 가치를 부여하고, 그것을 목표로 삶을 부여잡고 있는 것일까. 금은 그저 금속 중 하나일 뿐이다. 우리는 현대 사회의 왜곡된 유물론에 빠져 더 중요한 것들을 보지 못하는 건 아닐까.

우리는 여전히 종이를 원한다

내가 첫 책을 출간했을 때 들었던 재밌는 농담이 있다. 신인 저자가 과학계에 등장했는데, 50살이 넘어 신인 등용 평균 나이를 높였다는 것이다. 대한민국에서 가장 큰 국립과학관 관장이 늙은 저자에게 한 농담이다. 그렇다. 난 이전에 겪어 보지 못한 세계로 들어와 모든 것이 낯설고 생소했다. 마치 다른 세상에 온 것 같았다.

난생처음 교정이라는 과정을 겪었을 때의 일이다. 메일로 첨부된 교정지에 '도비라'라는 말이 적혀 있었다. 이 나이의 저자라면 당연히 알고 있어야 할 것 같아 알고 있는 척 넘어갔다. 여러 차례 교정지가 오간 후 마지막 교정에는 가제본을 요청했는데, 그때 '게라'라는 용어를 들었다. 새로운 용어가 불쑥불쑥 귀에 박혔다. 모든 것이 나를 마치 언어를 처음 배우는 어린아이처럼 만들었다.

나는 이 용어들이 책이 처음 만들어진 유럽 어느 지역의

언어라고 믿고 싶었던 것 같다. 문예부흥이라는 르네상스의 밑거름이 된 이슬람과 서유럽이 충돌한 지역, 그러니까 시칠리아와 스페인에서 책이 폭발했을 것으로 생각했다. 그 과정에서 용어도 만들어졌을 것이라고 추측한 것이다. 하지만 나중에 알게 된 용어의 의미와 출처는 다소 당혹스러웠다. '도비라'는 본문으로 들어가기 전에 책의 제목이나 각 장의 제목, 안내 글 등을 넣은 속표지를 말한다. 일본어인 문짝(とびら)에서 유래했다. 각 장(Chapter)를 여닫는 문짝과 같은 역할을 한다고 붙여진 이름이다.

게라(ゲラ)는 일본에서도 외래어로 취급한 용어라 히라가나(ひらがな) 표기를 쓰지 않고 가타카나(カタカナ) 표기를 쓴다. 영어 갤리(Galley)의 일본식 발음이다. 활판인쇄로 책을 만들던 시대에는 인쇄하기 직전에 시험 인쇄한 교정쇄가 있었다. 저자와 편집자가 첫 인쇄물을 가지고 마지막 교정을 한 것이다. 인쇄소에서 처음 가져와 잉크가 채 마르지 않은 교정쇄를 '게라'라고 부른다. 게라는 전지 한 장에 16쪽 혹은 32쪽을 얹고 수동으로 찍고 책 페이지 순서에 맞게 전지를 접는다. 책 크기 정도로 서너 번 접으면 페이지 순서대로 책의 일부가 나온다. 이 배열이 맞으려면 이 전지에 각 페이지를 접는 순서에 맞춰 배열해야 하는데, 이것을 터를 잡는다는 의미로 하리꼬미(はりこみ)라 부르고 있다.

세네카는 서가에 책을 꽂았을 때 정면에 보이는 부분으로

책등이라고도 하는데 등, 뒷면, 뒤를 뜻하는 세나카(せなか)라는 말에서 유래했다고 한다. 도제 체제(기능을 배우기 위하여 스승의 밑에서 일하는 방식)로 전문 기술이 우리에게 전수됐고 대부분의 인쇄 기자재가 일본에서 수입되면서 부품 명이나 사용 방법 등이 우리말로 순화되지 못하고 지금까지 일본의 잔재가 남아 있는 것이다. 물론 우리말 순화 작업이 꾸준하게 진행됐다. 출판과 인쇄 분야의 국어 순화 용어집이 1986년에 발간됐다. 지금의 현장도 이런 말들이 세대교체가 되며 줄어드는 추세이긴 해도 여전히 남아 있다. 흥미로운 것은 전자책의 등장으로 오히려 영어나 독일어 용어가 늘고 있다는 것이다. 이러한 흐름은 전자책에 이어 심지어 오디오북까지 확장된다.

첨단 분석 장비를 만지며 연구하는 내가 이 모든 변화를 잘 알고 있음에도 나는 나의 지식을 여전히 종이책에 박제하려고 한다. 벌써 집필한 것만 7권이고 지금도 열심히 종이책을 만들기 위해 하루하루를 보내고 있다. 나는 여전히 종이책이 좋다. 현재는 종이와 이런 전자 매체가 밀도 있게 만나고 있는 지점임은 확실하다. 초고를 텍스트로 만들어 내는 과정에서 내 글들은 참과 거짓처럼 1과 0이라는 기호로 반도체라는 이름의 준금속에 가둬진다. 컴퓨터 워드프로세서로 글을 쓴다는 의미다. 옛날처럼 원고지에 연필로 쓰고 지우개로 지우며 다시 써 내려갈 자신이 없다.

노동력 대신 시간을 얻어냈다고 변명할 수도 있겠다. 이전처럼 쌓은 성을 무너뜨리고 뒤로 돌아가 다시 쌓는 반복을 무의미함으로 치부한다. 그런데도 나는 이 기호들이 만들어 낸 텍스트를 결국 석기물질에서 종이로 해방시키길 원한다. 기호는 인쇄 기계에 흐르는 잉크를 온몸에 적시며 영원히 종이라는 것에 갇히길 바라기 때문이다. 종이가 인간이 만들어 내는 모든 결실을 담을 수 있는 진정한 보존 용기가 아니겠는가. 종이만큼 영원함을 가진 매체가 없다.

컴퓨터의 등장은 인류가 기록을 남기는 과정과 형태를 획기적으로 변하게 했다. 문명이라고 불리기 시작한 수천 년에 달하는 시간에 비하면 100년도 안 되는 짧은 시간에 걸쳐 인류 문명 깊숙이 들어와 모든 수단과 과정을 바꿨다. 그에 비하면 종이의 역사는 길고 지루하다. 기원은 명확하지 않지만, 중국에서 유래했다는 것은 확실하다. 필기 재료로 국가 행정에 대량으로 종이를 도입한 인물이 증거로 남아있다.

아랍도 마찬가지다. 무함마드의 계시는 구전이 아니라 양피지, 가죽, 뼛조각 등 어디든 기록됐고 그 잡다한 수집품들은 종이의 등장과 함께 성전으로 만들어졌다. 사실 인류 문명에서 종이만큼 긴 변화 과정을 거친 물질도 드물다. 그리고 여전히 원초적 자연에서 출발해 종이라는 목표는 변함이 없으면서도 그 안에서의 변화 과정이 유독 많았던 물질이 없다. 그리고 여전히 이 소재에 의지해 살고 있다.

최근 두 매체가 공존하며 종이의 자리가 줄어들고 있다. 세대가 옮겨가며 구시대적 유물 같은 물질을 농밀하게 만날 기회조차 없던 사람들에게 전기, 전자장치는 기록과 소통의 중요한 수단이다. 대학의 수업 시간에 노트북이나 패드를 꺼내지 않은 학생이 이상하고 지하철에서 신문이나 책 읽는 사람을 신기하게 쳐다본다. 기록과 읽기의 혁명이다.

물론 그전에도 매체의 혁명은 있었다. 고대의 파피루스에서 양피지로 바뀌고, 구텐베르크 이후 인쇄기의 등장으로 미디어혁명이 있었다. 하지만 그 형태와 성질의 변화였을 뿐 본질의 변화는 아니었다. 여전히 종이와 텍스트를 채우는 물질은 맥락을 잇고 있었다. 지금은 본질 자체가 변했다. 살아남은 것은 텍스트 그 자체인데, 이젠 그마저도 시각과 청각에 자리를 내어 주고 있다. 독서는 시각마저 잃고 청각에 텍스트를 맡긴다. 애초에 독서는 문장을 흡수하고 다시 분해해 머릿속에서 재조립하는 방식이다. 책의 등장은 지식을 단순히 전달하지 않고 재조립되었고, 또 다른 질문과 의문을 만들며 인류를 더 지능적으로 진화하게 만들었다. 지금처럼 결론만 시각적으로 받아들이고 전하는 식의 정보 교환이 아니었다. 물론 연필과 종이 그리고 지우개로 훈련받은 사람은 여전히 이 물질에 고집하고 있고 종이책으로 글을 읽는다. 이들의 태도를 변화에 적응하지 않는 고루한 고집쟁이로 박제하는 나도 종이책을 고집하고 있으니 나도 MZ세대에겐 별반 다르지 않을 것이다.

종이는 단점이 분명 존재한다. 지면이 한정적이다. 그리고 잉크로 사용한 지면은 그 기록을 되돌릴 수 없다. 컴퓨터의 워드 프로세서는 지면의 끝을 알 수 없다. 컴퓨터에서는 기록에 새로운 것을 끼워 넣고 수정하거나 삭제하고 복사하는 것들이 자유롭다. 종이의 단점은 어쩌면 장점이 되기도 한다. 그때의 그 기억의 흔적인 기록을 무기한으로 고정하고 보호한다.

드라마 〈스물다섯 스물하나〉는 펜싱 선수인 주인공이 남긴 일기장을 어린 딸이 보게 되면서 이야기가 전개된다. 어린 딸은 자신의 나이와 같은 엄마의 텍스트로 과거의 그 무모한 시도와 살아있는 에너지를 고스란히 현재의 자신에게 가져갈 수 있었을 것이다. 그리고 일기장의 촉감과 함께 종이의 질에 따라 페이지를 넘기며 들리는 소리와 세월을 간직한 냄새는 그때의 모습이 사라진 과거의 모든 것에 생명을 불어넣게 된다. 다이어리에 남아 있던 스티커와 그림들, 그 당시의 정서는 드라마를 뚫고 나왔다.

텍스트는 여전히 종이의 모습을 닮아가려 애를 쓴다. 얼마 전 수업에 필요하다고 패드를 구입한 아들은 종이 질감을 느낄 수 있는 보호 필름을 디스플레이 전면에 붙였다. 전자 펜슬로 쓰는 행위에서 종이의 장점에 대한 필요성을 무의식중에 느낀 걸까. 디지털화가 진행될수록 촉각과 후각 그리고 시각적인 면에서 이상하리만큼 그 옛날의 구시대적 상징인 종이라는 물질을 닮아가려 한다.

활자는 여전히 종이라는 종착역에 하차하길 바란다. 그러면서도 종이책과 전자책의 대립은 늘 회자된다. 어쩌면 이것은 새것이 나타나며 구시대적인 것과 대치했던 과거의 습관일 수 있다. 인쇄기술이 등장했을 때 구텐베르크시대라 선을 긋고 종이매체를 바탕으로 대립 양상을 선언했던 것처럼, 우리는 습관적으로 이를 확고한 양립으로 놓았을지 모른다.

전자책이나 제본된 인쇄물 텍스트 측면에서는 다르지 않다. 하지만 공간을 채우는 물질적 측면에서는 완전히 다르다. 심지어 인쇄본은 물질 측면에서 하나하나가 모두 다르다. 우주에서 유일한 장소에 텍스트가 박혀 버린다. 여전히 사회적 약속에 종이가 유효한 건 이 때문일 수도 있다. 단지 이런 유일성이 종이책을 특별하게 하는 것일까. 물론 지금까지 기록의 주도적인 매체의 역할에서 가용성이 떨어지는 것처럼 보이고 실제로도 문서 등이 사라지고 있지만, 여전히 인간의 오감은 종이를 원하고 있다. 종이는 왜 인류에게 특별한 걸까.

편재성의 정복에 대하여

우리가 쓰는 활자는 소통을 위한 기호다. 하지만 인류가 기호를 기록하고 받아들이는 과정은 컴퓨터가 받아들이는 것과 다르다. 컴퓨터는 0과 1로 받아들인다. 그 안의 의미가 완성될 때 알고리즘에 의해 일을 수행한다. 그 처리 속도만 빠를 뿐이다. 우리의 몸에 있는 유전자는 여전히 감각적으로 활자를 대하길 원한다. 내가 기억하고 있는 어느 작가의 문장은 마치 사진처럼 저장돼 있다. 접힌 책 페이지의 한 귀퉁이, 폰트의 종류, 눅눅한 냄새, 하이라이터로 칠해지거나 메모가 된 그 풍경을, 활자가 문장이 되어 존재했던 시간과 공간을 오감으로 기억하고 있다. 그 문장은 여전히 책장 어딘가를 차지한 책에 존재하고 있다. 그리고 그것을 내 삶의 공간에 가두어 뒀다는 것에 안심한다.

공간적 한계로 모든 책을 보관하지는 못한다. 그래서 전자책을 선택했지만 받아들이기가 쉽지 않다. 물론 소설이나 에세

이처럼 가벼운 글들은 저항이 적다. 하지만 책은 여기저기를 번갈아 가며 전체를 관통하는 맥을 흡수하며 읽어야 한다. 그런 면에서 저항이 무척 심했다. 어느 날, 리더기의 버전이 바뀌면서 데이터에 접근할 수가 없었던 일이 있었다. 갑자기 불안감이 몰려왔다. 디지털 자료라는 데이터는 영원하지 않기 때문이다. 단말기만 있으면 어디서든 존재할 것 같았는데, 일순간에 사라질 수도 있겠다는 생각이 들었다.

나는 '편재(偏在)'라는 말을 자주 사용한다. 금속은 내부에 금속 양이온들이 잘 쌓여 있고, 이를 쌓게 해 줄 수 있는 반대 전하를 가진 음전하를 띤 자유전자가 금속 내부에 골고루 존재한다. 그런 의미에서 '비편재화되어 있다'라는 문장을 사용했다. 사실 '편재(遍在)'돼 있다고 해도 된다. 음은 같지만, 한자와 의미가 다르다. 전자는 한곳에 치우쳐 있다는 뜻이고 후자는 골고루 퍼져있다는 의미다. 편재(遍在)라고 해도 될 것을 '비편재(非偏在)'라는 말을 더 사용하게 된다. 어쩌면 그 편재를 믿지 않는다고 할 수도 있겠다.

철학에도 편재라는 언어가 존재하는데, 철학에서 말하는 편재성이란 보편적으로 존재한다는, 곧 모든 곳에 존재하는 신과 같은 존재 방식을 말한다. 언젠가 발터 벤야민의《기술복제 시대의 예술작품》이라는 글을 보게 되었는데, 당시 동시대인인 폴 발레리의 '편재성의 정복(La Conquête de L'ubiquité)'이라는 글을 인용한 것이 인상에 남았다. 물질, 공간, 시간 같은 물리적 요소는 예전과는 전혀 다른 것이 돼 버렸다. 따라서 위대한 발명이 예술 형식의 기술 전체를 변화시키고, 예술적 발상에도 영향을 미칠 것이며, 나아가 예술 개념 자체에까지 놀라운 변화를 가져올 것을 예상해야 한다고 말했다.

약 100년 가까이 앞서 산 인류가 나와 비슷한 고민을 하고 있을 줄은 상상도 못했다. 심지어 현재의 일이 아닌 미래를 예측한 것이다. 그의 예측에 따라 이야기는 이제 종이책에 실리지 않는다. 전자책, 웹툰, 드라마와 영화와 같은 데이터로 남고 복제되고 있다. 플랫폼이 변하며 글쓰기 자체에도 변화가 일어났다. 물론 종이로 만든 책도 따지고 보면 복제이긴 하지만 잘 보면 똑같지는 않다. 종이책을 사다가 가끔 희귀본을 발견할 때가 있다. 인쇄나 접지가 잘못된 책들이다. 진화론에서의 돌연변이 같은 존재다. 그런 책을 발견하면 또 다른 미래의 출발을 만난 것처럼 반가울 때가 있다. 종이책은 어디에서 존재하느냐에 따라 모양과 향과 모습, 그리고 그 가치가 제각각 달라진다.

* * *

인간의 몸을 구성하는 세포는 60조 개에 달한다. 그 세포 안에는 핵이 있고, 그 핵 안에 염색체가 있다. 그리고 그 안에 유전체가 들어있다. 우리 몸의 세포 1개에 있는 DNA를 꺼내 길게 늘어놓으면 약 2m 가량 된다. 그 DNA 안에 약 1천 개 정도의 유전자가 있고 나머지는 비유전자인 염기서열로 구성된다. 확실한 건 DNA 안의 유전자나 비유전자도 똑같이 TAGC라는 염기 서열을 가진 코드로 이뤄져 있다는 것이다. TAGC라는 기호는 염기물질 분자의 앞 글자를 딴 기호일 뿐이다. 그러니까 코드화된 기호 중 유전자 부분에서 서열이 바뀌면 돌연변이나 질병의 원인이 된다.

물론 이 오류는 진화론적 관점에서 다양성의 요소이다. 하지만 인류의 디지털 기록에서 이 오류는 그저 오류일 뿐이다. 어쩌다 핵심 기호 하나가 바뀌면 전체 데이터에 영향을 줄 수도 있다. 이 세상의 모든 지식이 그저 1과 0으로 이뤄져 있는 세상에서 그 서열이 꼬이면 모든 것이 일순간 사라질 수도 있는 임시적인 존재였다. 그런 존재는 내 기억에서도 찰나의 시간으로 존재하는 모양이다. 전자책으로 읽었던 문장은 도무지 어디에 있었던 문장인지 기억이 나지 않는다.

물론 전자책의 효용을 무시할 수는 없다. 언젠가는 종이책의 장점까지도 가져갈 것이다. 증강현실(AR, Augmented Reality)이나 가상 현실(VR, Virtual Reality)에서 종이책이 제공했던 공간적 시각 한계를 극복할 것이다. 물론 책장을 넘기는 듯한 청각적 한계를 넘는 것도 가능해 보인다. 하지만 후각과 촉각은 잘 모르겠다. 오감이 모두 동원된 원시적인 감각에서 텍스트를 대하고, 그것을 뇌에서 분해하고 조합하며, 과거의 기억과 맞춰보기도 하고, 작가의 감정을 고스란히 느끼는 그런 사색이 가능할지 모르겠다.

최근 정보 전달자의 선두에 있는 유명 유튜버들도 종이책을 만든다. 단지 채널의 확장일까? 그들도 자신이 제공하는 정보가 시간 축에 존재한다는 것을 알고 있다. 시간 축에 있던 정보를 공간에 실재하게 만드는 게 정보와 기록의 종착역임을 본능적으로 알고 있는지도 모르겠다. 종이라는 매체로만 얻을 수 있는 경험의 차원이 있기 때문이다. 어쩌면 그들은 자신의 흔적을 가장 뒤떨어진다고 생각하는 매개에 박제하고픈 것일 수도 있겠다.

분명 텍스트는 활자 형태를 띤 기호이다. 종이책과 신문지 위에 있는 텍스트나 첨단 디스플레이 기계 위에 얹힌 텍스트도 활자다. 하지만 적어도 나에게는 두 기호의 뭉치가 다르게 받아들여진다. 엄밀하게는 기호가 다른 것이 아니다. 혹시 기호 뭉치를 담고 있는, 그러니까 기호를 실어 나르는 도구가 그 안의 내용물을 다르게 전달하는 것은 아닌지 생각했다. 결국 우리가 같은 대상을 어떻게 받아들이고 있는지에 대한 과정을 이해할 필요가 있다. 텍스트를 읽는 동안 우리의 뇌에서는 무슨 일이 벌어지는 걸까.

뇌는 사유와 논리, 계산하기 위해 있는 기관이다. 전자로 뇌의 기능을 하게 만든 것이 AI인 셈이다. AI는 뇌의 학습 과정을 논리적으로 알고리즘화하긴 했지만, 엄밀히 말해 실제 뇌의 작동 방식과는 완전히 다르다. 사실 우리는 아직 뇌의 정확한 기제나 작동 원리를 명확하게 알지 못한다. 그저 흐릿한 지식으로 뉴런처럼 전자적 구현을 했을 뿐이다.

계산과 같은 특정 분야에서는 인간의 뇌의 능력을 뛰어넘는다. 앞으로도 그러하리라는 것에는 누구도 반론하지 않는다. 하지만 그 안을 들여다보면 아주 훌륭하게, 흠잡기 어려울 정도로 흉내를 내고 있다고 봐야 한다. 우리가 뇌를 가진 이유는 사고 외에도 '생존' 때문이다.

물론 뇌가 없이도 생존할 수 있다. 뇌가 없는 식물도 텃밭과 들, 심지어 집안 화분에서도 잘 생존한다. 더 정확히 말하면 생존에 유리하다. 뇌가 없는 생명체는 유전자에 프로그래밍이 된 대로 생존한다. 뇌는 경험을 기억으로 저장하고 타고난 유전자인 프로그래밍 알고리즘을 스스로 유리하게 바꾼다. 뇌가 있는 생명체는 식물이 아니라 동물이다. 시각과 촉각 등 감각 기관을 통해 자신의 움직임을 제어하기 위한 연결로부터 탄생한 것이다.

뇌는 미래를 예측하는 능력에 비례해 커졌다. 의미 있는 과거의 데이터를 선별하는 것이 학습이다. 우리가 좋은 책을 읽고 의미 있는 정보를 취득하는 일은 결국 빠르게 변화하는 세상에서 생존하기 위함이다. 이런 의미에서 책은 학습하는 데 저항이 높은 매체이긴 하다. 시간을 들여야 정보를 분해해 조합하고 의미 있는 자료인지 선별하는 데에 많은 에너지가 든다. 그에 비해 동영상과 같은 직관적 정보는 양질의 정보를 분류하는 작업 없이 뇌에 정보를 입력하거나, 심지어 예측의 결과를 알려 준다. 정보의 접근성에서만 보면 책은 다른 매체에 비해 분명 비용이 많이 들어가는 방법이다.

* * *

20주 이상의 태아와 포유류는 뇌에 주름이 있다. 파충류는 뇌에 주름이 없다. 뇌에 주름이 없는 존재는 유전자 프로그램이 강력하다. 읽기만 가능한 메모리(ROM)에 지식이 저장된 셈이다. 이미 프로그래밍이 된 대로 생존한다. 태어나자마자 자신이 어떤 일을 해야 하는지 본능적으로 움직인다. 하지만 뇌에 주름이 있는 생명체는 본능 외 다른 방법을 모른다. 아무것도 프로그래밍이 안 된 비어있는 메모리나 마찬가지다. 기본적 생존을 위한 기본 프로그래밍만 깔려 있다. 뇌에 주름이 있는 생명체는 오감을 통해 주변 존재를 파악한 후, 학습을 시작한다. 이렇게 보면 태어나자마자 바로 생활이 가능한 주름 없는 뇌가 좋아 보인다.

주름을 가진 뇌는 본인도 학습 과정을 위해 엄청난 에너지를 써야 하지만, 주변에서도 양육 과정에서 에너지를 써야 한다. 하지만 이런 학습 과정으로 세상의 변화에 대응할 수 있는 예측을 할 수 있고, 이 능력은 지구 위 최종포식자의 위치까지 올라오게 했다. 세상의 변화에 자발적으로 행동하며 그 변화에 대응하기 위해 존재하는 기관이 우리의 뇌이다.

AI와 같은 기계와 뇌의 가장 큰 차이점은 무엇일까? 보통 감정이나 창의성, 자발적 사유 등이라고 생각하지만, 본질적인 차이점은 다름 아닌 자신 외에 다른 존재에 대한 인식이다. AI는 데이터에만 관심이 있다. 인간은 다른 존재로부터 배우고 생각하며 자신을 만들어 왔다. 심지어 메타인지조차 다른 존재의 인식에 기반한다. 자신이 무엇을 알고 무엇을 모르는지도 다른 존재로부터 인식하게 됐으며, 이 부분을 보충하기 위해 학습하게끔 설계됐다. 인간만이 유일하게 이야기를 만들어 내고 전달하며 직접 경험하지 않아도 마치 경험한 것처럼 학습한다. 이 이야기는 여러 경로를 통해 전달된다.

지금까지 내가 본 가장 훌륭한 매체는 책, 텍스트이다. 나는 이야기를 좋아한다. 소설을 각본으로 옮긴 드라마도 좋아하지만, 실제 거기에 담겨 있던 세밀하고 농밀한 감정선을 모두 찾아내기는 쉽지 않다. 하지만 텍스트는 기호로 된 문자가 전달되어 또 다른 여러 이야기로 해석할 수 있다. 텍스트는 시간 축이 아니라 공간과 오감의 측면에서 타인에게 입체적으로 전달되고, 전개되기 때문이다. 우리는 가장 오래되고 가장 효율적인 전달물질인 종이를 여전히 사용하고 있다. 그러면서 현재도 그 효용이 유효한지에 대한 질문을 던지고 있다. 자신 있게 주장할 수 있는 것은 종이는 지금까지 인류가 만들어 낸 기록 매체 중에 가장 오래갈 수 있고 안전한 물성이라는 것이다.

책을 파괴하는 과정에 대해 들은 적이 있다. 물리적으로 파괴하는 방법과 화학적으로 파괴하는 방법이 있다. 물리적인 방법은 문서 분쇄기와 다를 바 없다. 얇은 종이가 마치 나무가 갈리는 듯한 비명을 내며 찢겨나가면 그 위에 놓은 텍스트까지 부숴 놓는다. 화학적으로 책을 파괴하는 방법 중 가장 효과적인 시약은 다름 아닌 물이다. 종이의 원료인 셀룰로스를 잘게 부순 섬유질 분자에는 하이드록시라는 산소와 수소가 결합한 원자단이 둘러싸여 있다. 종이물질 분자들 주변은 전기적 극성을 띠고 있는 셈이다. 물 분자는 종이에 잘 들러붙고 촘촘하게 짜인 구조를 부풀린다. 부풀려진 종이는 원래의 모습으로 돌아갈 수 없고 작은 외력으로도 종이를 흩어지게 한다. 그 사이를 채웠던 텍스트도 사라진다.

셀룰로스는 우리가 생각했던 것보다 강한 물질이다. 전분과 셀룰로스는 구성성분으로 보면 별 차이가 없다. 하지만 형태적으로 보면 전분은 포도당 수천 개가 길게 늘어서 있고, 셀룰로스는 마치 조직처럼 아주 조밀하고 촘촘하게 얽힌 탄수화물이다. 동물은 뼈대에 조직을 붙여 형체를 유지한다. 이와 달리 식물은 뼈대가 없다. 식물이 뼈를 포기하고 선택한 것은 세포벽이다. 단단한 세포벽을 만드는 셀룰로스는 분해가 어렵다.

식물을 먹이로 하는 초식동물 중 반추동물은 반추위(反芻胃)를 가지고 있어서 삼킨 먹이를 다시 게워내어 씹는 특성이 있다. 소나 염소가 온종일 우물거리는 것을 본 독자도 있을 것이다. 사람은 반추위가 없다. 반추위 없이 식물을 섭취하는 동물은 셀룰로스를 제외한 소량의 당즙과 전분만 흡수한다. 그러니 소화되지 않고 그대로 배출된 식물의 사체를 보고 놀랄 것 없다. 반추위의 임무는 셀룰로스를 장내 박테리아로 잘라내 당 조각으로 분해해 위에서 흡수할 수 있게 전달하는 것이다. 체내에서 셀룰로스를 끊어낼 수 있는 소수의 생명체 중에 박테리아가 있고, 박테리아의 창고가 반추위인 셈이다.

셀룰로스가 분해가 잘 안 되는 이유는 단단하기 때문이다. 전분과 달리 셀룰로스는 결합 모양이 다르다. 같은 포도당으로 만들어진 고분자가 왜 다르게 결합할까? 엄밀하게 보면 두 물질에 있는 포도당은 같은 구조가 아니다. 포도당은 6탄당으로 탄소가 안정적인 육각형을 이루고 있는데, 여기에 또 다른 이성질체가 존재한다. 한 종류는 1번 탄소의 OH가 아래에 붙어 있지만, 다른 종류는 1번 탄소의 OH가 위에 붙어 있다. 이 둘을 알파 글루코스와 베타 글루코스라고 한다. 알파 글루코스끼리 결합하면 '나선 구조'를 형성하는 전분이 되고, 베타 글루코스끼리 결합하면 그물 구조를 형성하는 셀룰로스가 된다. 고분자를 구성하는 기본 분자에 존재하는 사소한 결합 구조 차이가 완전히 다른 성질의 물질이 되는 셈이다. 하나는 단맛이 나고 다른 하나는 소화조차도 안 된다.

셀룰로스 조각들을 접착물질로 엉겨 붙게 만든 것이 바로 종이다. 종이는 약하게 여겨져도 어느 것보다 강한 물질에 속한다. 우리는 1천 년 이상을 이 종이에 의지해 문명을 이루었다. 그러니까 종이는 편재(遍在)화된 물질이다. 폴 발레리가 말한 '편재성의 정복'이란 어쩌면 이 종이를 두고 한 말일 수도 있겠다는 생각이 들었다.

* * *

책에는 이 책이 세상에 나오기까지 누가 어떤 노력을 했는지 적혀 있다. 책은 저자가 텍스트를 작성하지만, 그 텍스트는 편집자와의 교감을 통해 더욱더 잘 전달될 수 있는 형체로 변한다. 디자이너는 이야기가 잘 전달될 수 있도록 디자인하며, 종이의 질감과 종류, 잉크의 색깔까지도 고민한다.

그렇게 이야기는 잘 정돈되어 세상에 또 다른 존재로 탄생한다. 지금은 전기·전자로 이루어진 플랫폼이 등장했고, 텍스트가 쉽게 양산되고 복제되며 언제든 소멸할 수도 있는 시대다. 아이러니한 것은 그 텍스트의 최종 종착지는 결국 종이라는 것이다. 늘 종이의 소멸을 이야기하지만, 누구나 종이가 가지고 있는 영원성을 원한다. 현재 우리는 두 문명의 배반적 교착 지점이자 밀도 있게 만나고 있는 지점에 서 있다.

종이의 미래에 대한 부정적 의견은 계속 나오고 있다. 하지만 그런 이들은 정작 종이에 대한 역사와 인류에게 향한 의미조차 제대로 알지 못한다. 단지 정보통신기술의 발달로 종이의 미래를 판단할 게 아니다. 미래의 답에 대한 힌트는 대부분 지나온 과거의 경로에 있던 경우가 많았다. 다시 뒤를 돌아보자. 종이의 미래에 대한 단서가 있을 수 있다.

로마의 멸망, 납 중독이 근본적인 이유일까

이집트 알렉산드리아 동쪽 해안의 샤트비(El Shatby) 거리에는 거대하고 아름다운 건축물이 있다. 2002년에 개관한 알렉산드리아 도서관(Library of Alexandria)이다. 이 건물은 전 세계의 찬사를 받으며 개관했다. 도서관이야 어디에나 있는 건축물인데, 이집트에 세워진 이 건물에 유독 관심이 집중된 이유는 무엇이었을까?

고대 이집트에도 알렉산드리아 도서관이 있었다. 이집트는 이 도서관을 관장하는 기관을 무세이온(Mouseion)이라 불렀고, 이 단어는 박물관(Museum)의 영어 이름 유래가 됐다. 처음에는 자료실 정도로 시작했는데, 학문적으로 중요해지면서 당시 최고의 학자가 이 도서관을 맡았고, 전 세계의 학자를 초빙했다고 한다. 지금의 사서처럼 신간 도서의 관리와 분류를 담당하는 부서와 인원이 있었다. 또한 국경을 넘어 모든 서적을 수집했다고 한다. 보유 장서의 양은 학자 간에도 의견이 분분하지만, 당대는 물론 그 이전의 어느 도서관보다 규모가 컸던 것으로 확인된다.

내게 인류의 위대한 실수 중 한 가지를 꼽아보라고 한다면, 이 도서관을 파괴한 것을 말할 것이다. 알렉산드리아 도서관은 기원전 48년부터 시작해 대략 3세기 말, 아랍의 등장으로 7세기까지 거슬러 올라가며 거의 파괴된 것으로 보인다. 이 도서관의 시작은 헬레니즘시대였다. 기원전 3세기경 프톨레마이오스 1세가 건립을 시작해 2세 때 완성했다. 이 도서관은 대형 방화로 한순간에 사라진 것처럼 전해지는데, 다른 학설에서는 긴 시간 동안 다양한 원인으로 파괴됐다고 본다. 종이가 나온 시대 이전임을 감안하면 도서관이 보유하던 자료는 대부분 화재나 수분에 취약한 파피루스 문서들이었다. 자료를 관리하려면 지속적으로 필사본을 제작해야 했다. 하지만 왕조의 갖가지 권력 다툼으로 인한 파괴로 복구 비용과 유지 보수 비용이 부족했고, 학자들이 떠나며 관리 소홀로 자료가 소실됐다는 의견에 무게가 실리고 있다.

위대했던 헬레니즘의 종말이 인류 문명의 발전을 지연시킨 셈이다. 대부분의 자료를 가지고 떠난 학자들은 중세 암흑시대를 지나는 동안은 활동하지 못했다. 그러다가 15세기 초에 최초로 도서관에 있던 자료들이 꺼내지며 다시 인본 사회를 맞이한 것이다. 거기에는 유클리드의 기하학과 에라토스테네스의 천문학이 있었다.

처음 이 도서관을 훼손한 것은 로마이다. 그 이유에는 기독교의 성장과 유대인이 있었다. 이런 시대에서 가치자산인 금을 만들 수 있는 연금술은 위협적인 존재였다. 연금술을 그대로 두면 유대인의 자금줄이 될 것이 뻔했다. 당시 쇠락하는 로마제국의 혼란을 수습하고 통치 체제를 강화하려면 이 연금술을 통제해야 했다. 결국 디오클레티아누스는 모든 연금술과 관련된 문헌을 파괴했다.

로마는 기원후 200년대부터 쇠락하고 있었다. 로마와 함께 연금술을 포함한 인류의 지식이 같이 소멸한 것이다. 로마의 멸망 원인을 말하라면 수백 가지는 되지만, 가장 대표적으로 꼽히는 이유는 도덕성의 붕괴다. 당시 로마에는 유흥 문화가 도시 전체에 퍼질 대로 퍼졌다. 그동안 사회를 통제할 능력이 떨어졌다. 약해진 틈을 타고 외부 세력이 침략하면서 로마는 완전히 몰락하게 된다.

로마의 멸망에 주요 원인 중 화학자들이 제시하는 것은 바로 납이다. 이러한 주장을 한 사람은 미국 역사학자 시버리 콜럼 길필런이다. 지금은 모두가 납이 유독한 중금속임을 알지만 정보가 부족한 시절에 납은 유용한 물질이었다. 철보다 다루기 쉽고 잘 구부러지기 때문에 여러 형태로 만들 수가 있었다. 도시가 만들어지려면 가장 먼저 갖춰야 할 것이 바로 상수와 하수 시설이다. 대부분의 배관이 납으로 이뤄졌으며 당시에 납은 화폐와 화장품의 성분으로 사용됐다.

단서를 잡은 화학자들은 이 가설을 증명하기 위해 노력한다. 아무리 상·하수도관을 납으로 만든다고 해도 납 성분이 고스란히 추출되기는 어려웠다. 주전자와 냄비 그리고 주방용기도 납으로 만들어졌지만 그는 납을 로마 멸망의 구체적인 원인으로 언급하지 않았다. 그래서 화학자들은 포도주를 증거로 제시했다. 지금처럼 와인셀러가 있어 포도주를 제대로 보관했을 리가 없고, 만들어진 포도주는 발효가 됐을 것이다. 포도주 안의 알코올이 과발효되면 식초가 된다. 식초는 바로 아세트산이다. 로마인들은 발효되기 시작한 포도주를 주전자에 넣고 끓였다. 그때 포도주의 아세트산은 주전자의 납과 반응하며, 아세트산 납이 만들어진다. 아세트산 납은 연당(Sugar of Lead)으로 불릴 정도로 단맛이 나 아세트산 납은 감미료 역할도 했다. 이 감미료는 다양한 요리에 첨가되었고, 향락의 로마 식문화에 파고들어 갔다. 결국 여러 경로로 지속해서 납에 노출된 것이다.

납 중독에는 여러 증상이 있는데, 그중에는 청각장애도 있다. 42세에 청력을 완전히 상실했던 베토벤은 난폭했다고 한다. 그의 사인을 두고 말이 많았는데, 이후 화학이 발달하면서 정밀한 성분 분석을 할 수 있게 됐다. 베토벤의 모발에서는 일반 수준의 수백 배에 달하는 납 성분이 검출됐다. 납 중독된 폭력적인 사람들이 많아지면 결정권자의 반사회적 행동을 야기할 수 있기 때문에, 문명의 흥망성쇠에 충분히 관여할 수 있다. 로마 후기에 등장한 폭군을 보아도 이런 사실을 알 수 있다.

아무리 향락의 문화에 술이 빠질 수 없다지만, 왜 이들은 이토록 포도주에 열광했을까. 이들의 상수에는 석회 성분이 많았다. 지금도 유럽에 가면 물갈이를 하는 여행객이 있을 정도니 당시의 수질 문제는 더 심각했을 것이다. 역사가들은 물의 대체재로 포도주를 이용했을 것이라고 언급했다. 무지했던 인류의 실수였던 셈이다.

로마 멸망의 배경적 원인은 기후

유튜브에서 로마의 멸망에 관한 짧은 동영상을 접했다. 아마 우연이라기보다 나의 알고리즘이 원인이었을 것이다. 최근 세계사에 관심이 생겨 인터넷을 검색한 게 발단이었다. 플랫폼은 '계정 맞춤 정보'라는 명목으로 필터를 사용해 접근한다. 앞서 다른 장에서 말한 '개인화 알고리즘'이라는 방법이다. 어떻게 보면 편리할 것 같은 플랫폼의 이런 기능은 때로는 불편하게 느껴지기도 한다. 관심이라는 자유의지조차 기록으로 남는다는 두려움도 있지만, 무엇보다 보여 주는 정보가 신뢰할 수 있는 것인지 알 수 없기 때문이다.

영상에서 유튜버는 납 중독을 로마 멸망의 원인과 결과로 규정하고 재치 있는 입담으로 흡입력 있게 이야기를 풀어 갔다. 화장실과 상하 수도관 등 수로의 도시공학적 시스템이 로마에 구축돼 환경적 통제가 유의미하게 작동했다는 것은 잘 알려진 일이다. 이 시설의 재료가 납이었다는 사실과, 20세기 후반에 납의 독성이 밝혀지면서 이것이 로마 붕괴의 지배적 원인이라 주장했다. 당시 로마 제국 시민 5명 중 1명이 도시에 살았으니 로마 시민의 몸속으로 납이 축적되었으리라는 사실은 분명 설득력이 있다. 이제 이 정보는 일파만파로 퍼질 것이다.

납이 생명체에게 유해한 물질인 것은 증명됐다. 다만 이 사실은 꽤 뒤늦게 알려졌는데 그 이유는 과학은 측정의 역사이기 때문이다. 해당 물질에 관한 지식이 모자랐던 시대에는 짧은 시간 내에 발현되는 현상만을 측정해 확인할 수밖에 없었다. 이후 측정이 정밀해지면서 시간에 따른 효과를 알아냈고, 납의 유해성을 밝혀냈다. 그러니까 일상에서 납을 통제하기 시작한 게 얼마 안 된다.

인류에게 이야기는 중요한 요소이다. 이야기를 만들어 내고, 그 이야기를 믿었기 때문에 지금과 같은 문명을 이룬 것이다. 그런데 믿음은 인간을 심리적으로 약한 존재로 만들기도 한다. 이 믿음 때문에 우리는 어떤 사건을 두고 확증편향도 일어나고, 바넘 효과(Barnum Effect)[2]도 생긴다. 사람들은 보고 싶은 것만 보거나 자신의 신념과 일치하는 정보만 받아들이며 일반적인 이야기도 자신의 이야기라 생각하는 경향이 있다. 따라

---

[2] 바넘 효과는 보편적으로 적용되는 성격 특성을 자신의 성격과 일치한다고 믿으려는 현상이다. 최근 MBTI나 혈액형으로 성격을 구분하는 것들도 이에 속한다. (출처: https://www.britannica.com/science/Barnum-Effect)

서 가짜 뉴스와 불분명한 근거의 강한 주장이 넘쳐나는 인터넷에서 진실과 거짓을 구분하기란 쉽지 않다. 최근 학설에서는 납 중독 때문에 로마가 멸망했다는 일차원적인 결론은 문제가 있다고 본다. 다만 이 사실이 거짓은 아니므로, 고도 문명을 이룬 거대한 제국의 멸망이라는 복잡한 이야기 속에 이 물질을 어떤 방식으로 끼워 넣느냐를 고민하는 게 맞는 것 같다.

먼저 로마의 납에 대한 이야기는 정리하고 넘어가자. 앞서 로마 제국의 멸망과 납 연관성은 1965년 미국 역사학자 길필런이 로마인의 납의 노출에 대한 연구에서 시작했다는 것을 설명했다. 그는 수로 시스템은 물론이고 식기와 화폐, 화장품 등 대부분 생활용품에 납이 사용되었음을 지적했다. 납 중독의 증상 중 하나인 반사회적 행동은 문명의 흥망성쇠에 충분히 영향을 줄 수 있다. 하지만 이것은 멸망의 주요 원인이라기에는 부족한 면이 있다. 포도주의 아세트산 납은 단맛으로 로마인들을 매료시키며 식수와 감미료 대신 로마인들의 몸에 퍼졌다. 다만 그렇다고 해도 포도주는 지금도 대중적 식음료가 아니다. 다른 대체 식품이나 음료도 많았을 텐데 왜 그들은 주 음료로 포도주를 선택했을까?

최근 역사학자들은 당시 로마인들이 극도의 스트레스를 지니고 있었고, 이를 회복하기 위해 포도주를 선택했다고 한다. 현대인들은 스트레스를 풀기 위해 당분과 알코올, 혹은 흡연 같은 각종 기호 식품과 물질에 의존한다. 단 것을 섭취하면 기분이 좋아진다. 당이 몸에 흡수되는 대사 반응은 분명 호르몬 분비와 연관이 있다. 흡연은 스트레스 해소와 직접적 연관이 없다는 것이 밝혀졌지만, 니코틴 중독에 의한 습관성으로 기분을 잠시 좋게 하는 건 부인하기 힘들다. 하지만 페르시아에서 사탕수수가 재배된 게 5세기이다. 그리고 담배가 신대륙으로부터 유럽으로 건너온 것은 콜럼버스 대항해시대가 돼서야 가능했으니, 당시로는 알코올이 최선이었을 것이다. 이렇게 포도주를 소비하게 만든 스트레스의 주요 원인은 무엇이었을까.

사실 로마의 몰락 원인은 한두 가지가 아니다. 현존하는 가설만 200여 개에 달한다. 대표적 원인은 제국이라는 체제 자체의 한계성이었으며, 여기에 인구 증가와 권력층의 퇴폐적 문화와 폭정이 몰락의 뼈대에 살을 붙인다. 대미를 장식한 것은 로마를 호시탐탐 노리며 불안정한 중심을 지속해서 흔들었던 외부 침략이었다.

로마는 퍼즐 조각이 맞춰지듯이 마치 몰락의 길로 들어갔다. 324년 로마 황제 콘스탄티누스가 수도를 지금의 이스탄불인 비잔티움으로 이전한 후, 그곳을 콘스탄티노플이라고 부르면서부터 로마 사회는 서서히 해체되기 시작했다. 게다가 서기 200~600년 유럽의 인구는 절반으로 줄어든다. 사실 로마의 화려함 아래에는 노예와 군사들이 있었다. 로마를 발전시키고 유지하던 이들이 줄어들자 사회가 몰락하게 된 것이다.

로마의 몰락을 다룬 대부분 이야기에는 자연 환경적 배경이 무시되어 있다. 이야기는 인물과 사건을 중심으로 플롯을 배열하니 환경이란 무대 배경을 놓치기 쉽다. '지중해'라는 이름을 들으면 쾌적하고 온화하고 안정적인 기후가 떠오른다. 로마 전성기에는 지금의 지중해 기후보다 훨씬 더 온화한 기후 최적기였다. 서리에 민감한 작물인 올리브와 포도를 지금보다 더 풍성하게 거둘 수 있었다. 그래서 우리가 생각한 것보다 포도주는 대중적 음료가 될 수 있었다. 지금의 경작 한계선보다 위쪽에서 발견된 과거 올리브나 포도의 경작 시설이 이를 증명하고 있다. 이러한 과거의 시간을 가둔 증거물은 2세기 이후 로마의 자연 환경에 큰 변화가 있었다는 것을 말해 준다.

과학이 빙하와 나이테에 갇힌 과거 흔적과 긴 핵산 가닥에서 꺼낸 증거를 보면, 당시 기후 변화와 함께 신종 감염병이 수차례 등장해 모든 사회 균형을 무너뜨렸고, 그로 인해 로마인들이 극도의 스트레스를 받았던 것을 알 수 있다. 도시는 사람이 모여 사는 곳이니 전염병은 급속도로 퍼졌을 것이다. 도시는 사람이 모여 사는 곳이니 전염병은 급속도로 퍼졌을 것이다. 그들이 자랑스럽게 여긴 도시화와 개발이 오히려 전염병의 확산을 부추긴 셈이다. 우리가 코로나19를 거쳐오며 극도의 스트레스를 받았던 것을 떠올리면 이들의 심정을 충분히 이해할 수 있다.

고대인들은 신을 만들고 상징으로 세상의 근원과 거동을 이해하려 했다. 신화는 허구를 넘어 인류가 이런 상징화된 인물이나 사건에서 교훈을 얻고 삶에 적용하는 지혜를 길러 준다고 설명했다. 고대인들은 운명의 여신 포르투나를 숭배하고 두려워했다. 이 여신의 이름에서 행운(Fortune)이란 단어가 등장했다. 로마인들은 축복을 내리는 여신인 포르투나를 숭배하기도 했지만, 그와 동시에 인간의 삶을 뒤바꿔 버릴 수도 있는 운명의 여신이기에 두려워했다. 두려움의 대상은 난폭한 군정도 전쟁도 포함됐겠지만, 그보다 더한 두려움은 다름 아닌 바로 거대한 자연의 활동이었다.

로마의 멸망은 사회 구조적 문제와 물리적 기후 변화, 생물학적 재앙이 얽힌 결과였다. 지금의 기후 변화와 달리 당시는 소빙하기였지만, 요동치는 온도계로 인한 자연의 실험을 몸으로 받아내고 있었던 것은 지금의 우리와 유사했다. 로마인들은 우리보다 더한 고통을 받았을 터이고, 번영과 질서를 유지하고 회복하기 위해 안간힘을 썼을 것이다. 하지만 수백 개의 원인이 차례로 착륙하며 약해질 대로 약해진 문명 사회는 맥없이 무너져 버렸다.

과거에는 로마의 멸망을 인간의 역사로만 해석하려니 도통 시원하게 관통하는 줄기가 보이지 않았다. 로마의 멸망이라는 거대한 이야기에 이제 기후와 질병이라는 환경적 배경을 끼워 넣을 수 있게 되었다. 이제 로마의 멸망이 오직 납 중독이었다는 주장은 형편없는 편견임을 알 것이다. 나조차도 그렇게 알고 강의했다. 원인을 찾는 것도 중요하지만, 찾은 요소를 어떻게 이야기 속에 끼워 넣느냐가 더 중요하다는 사실을 나는 깨달았다.

　로마 멸망은 자연이 인간 사회에 물리적이고 생태학적인 실험을 한 이야기다. 자연은 유례없는 문명을 이룬 인류 사회의 가장 약한 부분을 기막히게 찾아내 균열을 냈다. 그런데 이 이야기가 지금의 상황과 너무도 유사하다. 우리가 지금의 기후 변화와 팬데믹을 겪으며 얻은 교훈은 무엇일까? 이것들을 뉴스에서나 다루는 사건으로만 보아서는 안 될 것 같다. 폭염과 홍수로 안타까워하고, 매일같이 확진자 수나 셀 일이 아니란 것이다. 물리적이고 생태학적 변화를 거대한 이야기 속에서 상징으로 만들어야 한다. 그리고 선언하며 행동으로 옮겨야 한다. 그래야 교훈이 생기고 미래의 이야기를 또 써 내려갈 수 있다.

　최근 IPCC가 발표한 6차 평가보고서에서 기후 위기가 예상보다 빠르게 진행되고 있으며 그 과정 또한 심각하다는 과학적인 근거를 제시했음에도, 큰 이슈가 되지 못하고 조용히 묻히고 있다. 우리는 여전히 내가 깔고 뭉개고 있는 집값이 내려가는 것을 걱정하고, 소비는 증가하는 인구의 수만큼 늘어나고 있다. 기후 위기가 큰 이슈가 되지 못하는 것은 사람들이 이 잔혹한 동화 이야기를 믿을 수 없기 때문일까? 아니면 믿을 수 없기 때문일까?

　어쩌면 우리가 이런 잔혹 동화를 제대로 들어 볼 기회가 없었을 수도 있겠다는 생각이 들었다. 어렸을 적 늑대 이야기를 들려 준 할머니를 신뢰하는 것처럼, 이야기와 교훈을 전달할 때 메신저의 역할이 중요하다는 것을 다시금 느낀다. 당신은 세상 이야기를 누구에게서 듣고 있는가? 유엔에서 크레타 툰베리가 울먹거리며 한 연설을 그저 어린아이의 객기로만 보고 있는 것인가? 지금 우리를 통치하는 권력자나 사회적 리더가 메신저로써 이에 대한 메시지를 보낸 적은 있는가? 우리는 이미 메시지를 충분히 받고 있다. 메신저는 지속적으로 메시지를 보내고 있다. 우리가 무시할 뿐이다. 깨닫지 못한 인간을 위해 자연이 메신저로 직접 나서고 있지 않은가. 절대 자연은 사라지지 않을 것이다. 우리가 그 메시지를 이해하지 못 한다면 자연에서 인류가 사라지는 것은 자연스러운 일이다.

인종차별과 혐오는 왜 여전한가

2001년의 내 생일은 잊을 수가 없다. 가족과 저녁 식사 후 귀가
하자마자 텔레비전을 켰을 때, 믿기지 않는 광경이 눈에 들어
왔다. 누가 보아도 영화의 한 장면이라고 생각할 법한 광경이
었다. 화염에 휩싸인 세계 무역센터 쌍둥이 빌딩이 차례로 붕
괴되었다. 뉴욕은 우리나라보다 13시간이 늦으니 그곳은 오전
8시가 넘은 시간이었다. 창밖은 어둠이 삼켰고, 텔레비전 화면
의 뉴욕은 밝았다. 몽롱함 속에서 아무 말도 못하고 멍하니 화
면을 보고 있었다. 곧 저 지옥이 지구 반대편이 맞다는 현실을
깨닫자 외마디 비명이 나왔다. 그날은 9월 11일이었다.

이 사건은 위대함을 외치는 미국의 심장부에 큰 흉터로 남
았다. 20세기 이후에 있었던 대부분의 전쟁에 미국은 직접 개
입을 하거나 대리로 전쟁을 해 왔다. 그러면서도 자국은 안전
했다. 유일하게 피해를 입었던 곳은 일본의 호기로 인한 진주
만뿐이었는데, 이곳은 미국령이지만 태평양 한가운데 위치한

섬이다. 어느 누구도 본토에 직접 상처를 내지 못했다. 그런데 이 사건으로 경제 심장부뿐만 아니라 국방의 심장인 펜타곤까지 테러를 당한 것이다.

무고한 시민 3천여 명이 화염 속에서 소멸됐다. 테러의 배후로 국제 테러 단체인 알카에다(Al-Qaeda)의 지도자 오사마 빈 라덴이 지목됐고 미국은 아프가니스탄의 집권 세력인 탈레반과 함께 축출할 것을 바로 실행에 옮겼다. 당시 나는 미국의 국제적 위치에 대해 속속들이 알지 못했다. 누구나 그렇듯 미국은 세계사 교과서를 통해 학습한 대상이었다. 그리고 선진 문명과 과학 기술의 지적 우월성으로 동경의 대상이자, 그저 강한 나라, 그들이 수없이 말하던 위대한 국가였다. 그런데 강함 뒤에 숨겨진 폭력성을 훔쳐보게 됐다.

아프가니스탄에는 바다가 없다. 지도를 보면 육지 한 가운데에서 주변국에 갇혀 있다. 미국이 아프가니스탄으로 가기 위해서는 하늘길이 유일한 방법이라 미국은 파키스탄에 하늘을 열어 줄 것을 요구했다. 평화의 목적이 아닌 이유로 타국 영공 개방을 요구하는 건 국제사회 질서상 무리한 요구가 분명하다. 왜냐하면 개방과 동시에 공격자의 협조자가 되는 것이다. 이성을 잃은 미국의 입에서 험한 말이 나왔다. 열어 주지 않으면 파키스탄을 '석기시대'로 돌려 놓겠다고 공식적으로 말했다. 그러니까 파키스탄 문명을 완전히 파괴하겠다고 선언한 것이다. 목적을 위해서 방해되는 모든 것들을 적으로 삼는 발언에 놀랄 수밖에 없었다. 미국에게 동맹은 그저 미국의 이익이라는 냉엄한 조건이 전제되어야 했다.

신뢰와 의리는 언제든 무의미해질 수 있었다. 그들이 가는 길에 방해가 된다면 말이다. 9.11 테러 이후의 잔혹한 이야기는 마치 OTT 드라마 시즌처럼 이어졌다. 결국 10년이 지난 2011년, 파키스탄에 은신해 있던 빈 라덴을 사살했다. 그럼에도 불구하고 극단주의 무장단체인 IS가 등장하면서 미국과 나토 동맹군이 아프가니스탄을 떠나지 못하게 하는 상황이 됐다. 당시 아프가니스탄 정부의 홀로서기가 실패할 가능성이 있었기 때문이다. 적극 대응도 아닌 재건 정책으로 일관하며 막대한 자금이 소모됐고, 또 10년이 흐른 2021년 9월 11일 결국 미국은 철수했다. 정확히 20년이 흘렀다. 아프가니스탄을 보기 좋은 국가로 건설하겠다는 목표는 완벽한 실패가 됐다. 미국이 마치 야반도주하듯 떠난 자리에 탈레반이 들어왔다. 이 모습은 미국이 전례 없는 굴욕을 당한 베트남에서의 마지막 뒷모습과 같다.

미국은 아프가니스탄에서 역사상 가장 오랫동안 전쟁을 벌였지만 탈레반을 꺾지 못했다. 20년이란 긴 시간을 메우고 있었던 일은 이뿐만이 아니다. 2003년에 아프가니스탄과 접경인 이라크와는 대량 살상 무기 은폐 의혹으로 전쟁을 벌였다. 미국과 나토 동맹군이 '인도적' 개입을 빌미로 인접 국가에서 벌인 전쟁이다. 하지만 민주주의 확립에 실패하고 아직도 평화는 요원하다. 2011년에는 무아마르 카다피에 대항하는 리비아의 반란을 지원한다는 명목으로 개입했다. 물론 유엔의 후원이지만 영국과 프랑스가 부추긴 결과다.

결과적으로 실패했고 리비아는 사회적 무질서가 극에 달하며 나라가 찢겨 나갔다. 또한 다양한 이슬람 테러리스트들의 발원지가 되며 IS의 안식처가 되었다. 빈 라덴을 해결하고도 아프간을 떠나지 못한 상황을 만든 자승자박의 결과가 됐다. 직접적으로 개입한 전쟁 말고도 대리전은 더 처참한 결과를 가져왔다. 미국과 영국의 지원으로 클론이 된 사우디아라비아가 벌인 예멘전쟁은 대규모 사상자를 기록했다. 유엔조차 '세계 최악의 인도적 위기'라고 부른 사태가 됐다.

이례적으로 많은 사상자를 낸 시리아도 끔찍한 상황을 연출해 냈다. 그리고 중동 지역 불안정의 발단인 이스라엘-팔레스타인의 지리한 분쟁도 해결하지 못했다. 사실상 미국은 타국 정세에 개입할 때마다 그 국가를 이전보다 더 망가뜨려 놓고 있다. 그러면서도 끊임없이 이 지역을 쥐고 벗어나지 못하고 있는 듯한 모습이다. 단지 2001년에 벌어진 참극 때문일까. 그 근본적 이유는 무엇일까. 물론 명분은 알카에다 지도자 추출이었지만, 일련의 이슬람 국가들과의 마찰은 마치 같은 하늘 아래에 공존할 수 없는 두 인류의 충돌로 여겨진다. 누구 하나는 사라져야 할 빅게임처럼 말이다.

미국이 사라진 곳은 민주주의의 소멸 지역으로 상징된다.

이 말은 마치 미국만이 민주주의를 이룰 수 있는 것처럼 오독될 수 있다. 자유와 인권의 박탈이라는 기능이 작용하는 함수를 만든다. 여기서 탈레반과 무슬림, 즉 이슬람을 구별해야 한다. 탈레반은 이슬람 율법인 샤리아를 따르지만, 이를 극단적으로 적용했다. 여성은 교육과 일에서 제외되었고 서구식 교육과 도서관을 없애 다른 종교 문화재마저 파괴했다. 이런 소식이 SNS와 언론을 통해 퍼지면서 사람들은 결국 이슬람을 비민주적이고 반세계화적 상징으로 인식하게 된다.

그 배후에는 역시 미국이 있다. 사라진 영웅에 대한 비난을 감수하면서도 '테러리스트'하면 자동적으로 무슬림 혹은 이슬람을 떠올리게 만들었으니, 이 함수는 필요충분조건이 완벽하게 갖춰지는 셈이다. 자연스럽게 이슬람을 바라보는 머릿속에 혐오가 떠오르게 만든다. 서구의 시선에서 무슬림 테러리스트가 서구인들을 죽인다고 생각하게 된다. 하지만 무슬림의 테러에 의해 희생된 무슬림 수가 훨씬 많다. 테러의 피해를 가장 많이 입은 나라는 이라크, 아프가니스탄, 파키스탄, 나이지리아, 시리아다. 그리고 서구에서 벌어지는 테러는 9.11 테러와 같은 대형 사건을 제외하면 대부분 자국민에 의해 벌어진 사건이다. 서구 언론은 일련의 무슬림에 대한 테러를 보도하지 않는다. 이런 일들은 이슬람 혐오를 키우는 데 저항이 되기 때문이다.

역사적으로 보면 서구의 무슬림 학살이 더 잔인하다. 11세기 말부터 13세기 말 사이, 유럽의 그리스도교들이 성지와 성도인 팔레스타인과 예루살렘을 이슬람교도로부터 탈환하기 위해 벌인 십자군전쟁에서 미쳐 날뛰며 벌인 일은 어딘가에 잘 감춰 났다. 우리는 이 중세시대의 긴 기간을 '암흑시대'로 배운다. 서구가 만든 암흑은 인류 문명의 암흑기를 상징하기도 하지만, 어쩌면 우리의 눈을 가리기 위한 어둠이기도 하다.

지금의 세계는 노예제의 종말과 함께 인권을 중시하게 되었고, 국가 간의 관계는 전체를 그물망처럼 아우르는 커다란 우산 아래에서 존재한다. 여전히 비를 맞으며 우산 안으로 들어오지 않는 국가도 존재하지만, 지속적인 견제는 다양한 방법으로 가능하다. 그런데 우산 안은 안전한 게 정말 맞을까? 암흑시대를 거친 그들의 유전자가 여전히 후대에 남아 있는 것일까. 이슬람 신앙의 상징을 대하는 서구 사회의 태도는 과거와 크게 다르지 않아 보인다. 오히려 상식 이하의 태도를 보인다. 무슬림이 종교를 실천하는 행위 자체를 단속하는 법률이 유럽 전역에 확산되고 있다. 아예 법으로 정당성을 만드는 것이다. 이들을 이방인 떼로 취급한다. 심지어 헌책방에나 존재할 묵은 인종 과학을 근거로 들이댄다.

모바일이 발달하자 아랍인이 운전자인 택시를 알려 주는 앱을 이용해 그 택시는 타지 않는다고 한다. 무슬림이 모든 것을 정복할 것이기 때문에 무슬림의 수적 확장을 우려하고 이에 대응하지 않으면 서구는 멸망할 것이라고 사람들을 계몽한다.

결론적으로 서구에서 이슬람은 테러의 문제가 아니라 인

종 혐오의 문제가 됐다. 소수자에 대한 편견이자 차별인 셈이다. 이 구태의연하고 묵은 냄새나는 인종 혐오라니. 우리는 서구 사회에서 노예라는 단어와 반유대주의는 사라졌다고 알고 있다. 1960년대 이후에는 여성의 인권이 회복되고 있다. 하지만 여전히 인종 과학은 암시장의 블랙머니처럼 지하에서 유통되고 있다.

아이러니하게도 이런 인종 과학, 20세기의 우생학을 들먹거리는 것은 우매한 계층이 아니다. 일명 싱크탱크(Think Tank)라고 불리는 상위 계층이다. 여기서의 상위 계층은 자본주의 계층과 별반 다르지 않다. 서열은 결국 지적 능력을 돈벌이에 연결하며 만들어지기 때문이다. 결과적으로 이슬람 혐오는 돈벌이가 된다는 얘기다. 피해망상적 이슬람 혐오를 보이는 이들은 과학적 괴담을 뒤범벅해 만든 이론들로 사람들을 계몽하고 있다. 그 결과, 헝가리, 이탈리아, 폴란드, 프랑스, 독일, 영국 순으로 무슬림에 대한 부정적 시각이 존재한다. 그중 헝가리는 전체 인구의 72%가 부정적 시각을 가지고 있다.

우리는 이슬람에 대해 제대로 알지도 못한 채 지독한 편견을 가지고 두 쪽이 난 땅의 한 편에 서 있게 됐다. 이유는 간단하다. 그 반대편을 제대로 배워 본 적이 없기 때문이다. 미국이 이 혐오에 합류하며 서로 지독하게도 맞지 않는 두 줄기의 세계사가 21세기에 다시 충돌했다. 과거에 이러한 충돌이 유럽 전역에서 일어났다면 지금은 서구와 이슬람이라는 지역을 초월한 문명의 충돌인 셈이다. 그것도 스스로 위대하다고 말하는 미국을 중심으로 옮겨지고 있다. 명예는 주장하는 것이 아니라 주변에서 인정할 때 얻어진다. 어쩌면 그들은 지금까지 위대한 적이 없었던 건 아니었을까. 우리는 이슬람에 대해 얼마나 알고 있는 걸까.

같은 풍경을 지닌 두 세계

누구나 학창 시절에 소홀했거나 관심이 가지 않는 과목이 있다. 그때의 외면이 지금의 삶에 어떠한 영향도 주지 않는다면 '망각'이나 '관심 없는' 세계에 묻어 두었을 것이다. 후회와 아쉬움이 들 때면 과거의 자신에게 돌아가 현재의 한심한 모습, 그러니까 미래의 자신을 보여주고 싶을 때가 있다. 뒤늦게야 이렇게 어렵게 공부를 하고 있다고 말이다. 내게 그런 과목은 세계사였다.

나는 모든 것들이 흔들리고 뒤섞이며 재편됐던 1960년대에 태어나 모든 진동을 온몸으로 받아들이며 살아왔다. 내가 할 수 있는 최선을 다해 삶을 채웠다. 아니, 그렇게 생각했다. 지금 와서 생각해 보면 그 최선은 시대적 요구였을 뿐이고, 그저 그게 정답인 듯 질문도 없이 충실히 따르고 위를 향해 올라갔다는 게 정확한 설명일 것 같다. 그대로 위로 가면 무언가 있을 줄 알았다.

사회의 일원으로 세상에 나왔을 때, 냉전시대가 끝난 자유 세계는 신자유주의로 탈바꿈하며 고급스럽게 타락하고 있었다. '성장'과 '효율'이라는 키워드가 지배가치가 되어 삶을 먹어 치웠다. 분명 이전보다 잘살고 있는 것 같은데, 삶의 속도는 빨라지고 복잡해지며 점점 여유를 잃었다. 허무가 빈자리를 채우고 서열 사회에서 위치는 열등과 패배감만 키웠다. 뒤를 돌아볼 겨를없이 앞만 쳐다봐야 했다. 급류에 휩쓸린 삶에서 정면을 보지 않으면 소용돌이나 바위를 피하지 못해 끝장이 날 테니까. 지친 나는 결국 의도적으로 그 물살에서 잠시 벗어났다. 맹목적으로 중요하다고 생각한 어떤 것을 잠시 손에서 놓았다. 벗어나면 큰일이라도 날 줄 알았건만, 그렇지 않았다. 그리고 내가 지금까지 온 길을 돌아봤다. 그러자 왜 이런 상황에 놓여 있었는지가 궁금해졌다. 나는 대체 어떤 세계에 살고 있는가.

　　자본주의의 상징이 눈앞에서 무너져 내리는 9.11 테러가 이러한 생각의 도화선이었다. 얼마나 미움과 증오가 가득하면 자신의 몸이 타들어 갈 것을 알면서 저런 일을 벌일까. 그 지독한 혐오와 편견의 근원, 그 밑바닥을 알고 싶어졌다. 그러자 보이지 않던 것들이 보이기 시작했다. 그동안 내가 옳다고 믿고 있었던 것들이 진실이 아닐 수도 있다는 생각이 들었다. 아버지의 삶과 그 시대가 궁금해졌고 시계를 돌려 과거를 한 껍질씩 벗겨내기 시작했다.

　　학습, 훈련, 교육의 위대함, 아니 교육의 엄청난 힘을 느꼈다. 학창 시절 그렇게 지루하게 같이 지냈던 활자가 새로 재편되며 실제 세상을 전혀 다르게 보여 줬다. 우리는 과거에 무엇을 어떻게 배웠던 것일까. 서구 세계의 관점을 통해 학습하면서 다른 세계는 철저하게 감춰졌고 배울 기회조차 없었다. 내가 알게 된 사실은 두 세계가 있다는 것이고, 나는 그 한쪽 세계에만 살고 있으며, 다른 세계에 대해서는 거의 알지 못한다는 것이었다. 내가 살고 있는 이 땅은 동양에 속하지만, 내 정신은 서구 세계에 살고 있었다.

우리가 알지 못하는 또 다른 세계는 존재와 그 경계조차 흐릿한 이슬람 세계다. 혹자는 이 세계를 중간 세계라고도 말한다. 중간이란 단어로 이도 저도 아닌 어정쩡한 대상으로 격을 낮췄다. 이 실존의 실체는 우리가 중동이라고 말하는 대상이자 지금의 세계적인 싸움판이 된 그 공간이다.

역사는 인류사의 흐름에 의미 있는 변곡점을 가지고 내러티브를 이어간다. 그 변곡점에는 사건과 함께 적절한 인물이 등장한다. 세계사는 지금의 인류를 누가 어떻게 여기까지 끌고 왔느냐에 대한 내러티브이다. 내가 배웠던 세계사의 시작은 티그리스강과 유프라테스강에서 출발한다. 이 지역은 고대 이라크의 영토이다. 그리고 그다음 등장해 이야기를 끌어가는 대상이 거대 제국 로마이다. 서구의 위대한 제국 로마는 스스로의 비대함을 견디지 못하고 약해질 대로 약해졌으며 결국 외부로부터의 침략에 분열된다. 로마의 추락 지점을 서기 476년인 서

로마 제국의 멸망으로 본다.

그로부터 약 천 년이 지난 1417년 르네상스의 시작을 또 다른 변곡점으로 정한다. 중세 천 년은 멸망과 부흥의 시작 사이 기간을 말한다. 그러니까 서구 세계는 천 년을 단위로 화려했던 천 년의 로마와 천 년의 중세 암흑시대로 흥망을 나눈다. 그리고 지금의 우리는 15세기 이후 다시 번영하는 천 년의 중간을 지나 후반부에 있는 셈이다. 그런데 이 내러티브는 어느 한쪽의 일방적인 전개이다.

우리가 배우지 못했던, 누구도 알려 주지 않은 또 다른 세계가 마치 평행이론처럼 같은 풍경을 지니고 전혀 다른 길을 통과하고 있었다. 이슬람 세계도 2개의 강 근처에서 출발해 로마처럼 거대한 제국인 칼리프조 시대가 있었다. 마찬가지로 커진 덩치는 무게를 이기지 못했고 약한 틈을 타 외부 세력이 침략했다. 로마가 게르만족에 의해 찢겨 나갔다면, 이슬람은 튀르크족이었다. 두 제국은 다른 시점에 무너지고 각각 통일된 종교가 두 세계를 삼켰다. 가톨릭과 이슬람이다.

두 세계는 그 풍경이 놀랄 만큼 유사하다. 하지만 비슷한 풍경을 이끌어 간 두 세계는 평행세계에서 서로 다른 시간을 지난다. 서구 세계가 몰락의 길로 접어들 쯤 622년 무함마드가 이슬람교를 창시하고 아라비아반도와 그 일대를 순식간에 정복했다. 그리고 천 년을 가게 된다. 약간의 시간 차를 두었지만 한 세계가 흥했으면 다른 세계는 쇠락했다. 설령 그렇다 하더라도 두 세계의 교차점에서 접촉은 분명 있었다. 서로 냉담 중인 것 같은 모습은 두 세계가 교차점에서 벌어진 일들을 치욕이라 느껴서일까. 그 이상의 어떤 일이 있었던 것이 분명하다. 그렇지 않으면 어느 한쪽을 이토록 억압하고 있는 듯한 모습은 도무지 설명되지 않는다.

이슬람은 여러 왕조를 거치며 다양한 민족과 문화를 흡수했고 심지어 셀주크족(몽골)까지 흡수했다. 당연히 고대 그리스와 페르시아의 모든 문명을 받아들이고 흡수했다. 《아라비안나이트》가 이 시기에 등장했으니 그들의 문명이 어느 정도인지 짐작할 수 있을 것이다. 문명 부흥기였다.

이때 침잠한 서구 세계가 바닥을 찍고 움직이기 시작했다. 예루살렘의 기독교인들을 보호하겠다는 명분으로 십자군전쟁을 선포했다. 이것은 교황의 권력을 강화하려는 것이 목적이었다. 당시 유럽은 외세의 끊임없는 충돌로 폭력과 전쟁이 일상이었다. 봉건 기사들은 점점 폭력적으로 변했고, 사회 통제가 어려워졌다. 결국 교회는 사태를 수습하기 위해 기사들의 무력과 기독교적 이해관계를 일치시키는 선택을 한다. 그들의 광폭한 에너지를 외부로 분출하는 것이었고 그 대상이 이슬람 세계였다. 당시의 서구가 이슬람에 가한 폭력은 인간성을 상실한 수준이었다. 이슬람도 가만히 있지 않고 저항했다. 지금은 칼에 의해 희생당한 사람이 순교자라면, 당시는 칼을 휘두르는 자가 순교자가 된 것이다. 이 논리는 마치 이슬람의 성전(聖戰)지하드의 논리와 유사하다.

원래 이슬람의 지하드는 폭력을 먼저 꺼내지 않는다. 이들이 말하는 투쟁은 목적 자체가 공정하고 정의로울 때 행하는 수단이다. 그 목적을 위해서라면 무력 투쟁도 불사하겠다는 것이다. 우리는 결과와 과정에서 둘 다 합리적인 것이 맞다고 배웠다. 그런데 이슬람은 목적을 위해서라면 무력 수단이 정당화된다. 이 점을 서구 사회는 지금까지도 이용하고 있던 것이다.

이슬람은 다른 종교가 추구하는 목적과 유사하다. 오히려 여기에 더한 것이 공동체 건설이라는 사회적 프로젝트이다. 지금의 종교가 정치 중립적이라면, 이들은 더 적극적으로 사회에 개입했다. 서구의 종교가 정치와 경제에만 초점이 맞췄다면 이들은 여기에 철학을 더했고 이를 걸맞게 운영할 법체제를 구축했다. 진정한 정의로운 공동체의 건설이었다. 물론 이 무력투쟁은 핍박받는 과정에서 원론주의자들에 의한 테러가 된 변명거리도 제공해 주게 된다. 그렇다면 서구는 그들이 행한 결과와 과정에서 정의가 지켜졌을까.

서구는 지리적 발견과 함께 식민지를 연이어 늘리며 부를 축적했고 르네상스의 부활로 중세기 암흑의 장막을 점점 걷어냈다. 산업혁명을 거치며 부흥을 다시 시작한 것이다. 그런데 이들을 이러한 근대 사회로 이끈 1등 공신은 이슬람이라 해도 과언이 아니다. 서양 과학사를 들여다보면 15세기 이후부터 마치 물이 끓듯 기포가 올라오기 시작했다. 그전에는 전혀 과학사에 온기가 없는 것처럼 보인다. 끓는 물로 상징되는 산업혁명의 밑바탕에서 섭씨 99도까지 끓어오르게 한 과학적 지식의 근간을 이슬람이 유럽에 퍼부은 것이다.

그 증거는 여기저기에 널려있다. 나는 밤하늘의 천체 중 플레이아데스성단을 좋아한다. 그 오른쪽 아래에 히아데스성단이 있는데 우리의 시선 방향에 있어 그 성단의 일부로 착각하는 별이 하나 있다. 사진을 찍으면 푸르게 빛나는 플레이아데스와 달리 약간 붉은 빛을 띠는 적색거성이다. 그 이름은 알데바란이다. 대부분 별의 이름들, 그중에도 잘 보이지 않는 별 이름은 대부분 아랍어이다. 이는 아랍의 천문학이 근대 천문학의 바탕에 스며들어있다는 것을 보여 준다.

광학의 시작은 아랍인데, 서구는 네덜란드로 기원을 옮겨 놓는다. 천문학의 근간은 광학이고 대부분 이론적 증명은 빛을 통해 이뤄진다. 광학을 체계화한 이븐 알 하이삼이 그의 저서인 《광학》에서 다룬 눈의 각막과 수정체는 우리가 사용하는 안경과 광학렌즈의 근본 원리가 된다. 이 지식은 케플러와 뉴턴의 영향력으로 확대된다. 무슬림은 하루에 3번 이상 정확한 시간과 방향으로 기도하는 '쌀라'를 수행한다. 이슬람력으로 매년 9월 금식 기간인 라마단을 수행해야 하며 평생 1번은 자신들 세계의 중심인 메카로 성지 순례를 떠나는 하즈를 수행해야 한다. 그들을 안내하는 것은 하늘이다. 결국 천문학은 물론 정확한 방위와 시간의 요구는 기하학과 수학을 발전시켰다. 우리가 숫자를 아라비아 숫자로 부르지 않는가.

수학자 알 콰리즈미가 쓴 《적분과 방정식의 책》의 라틴어 번역본이 유럽에 전해지면서 'Al-jabr'가 '대수학'을 뜻하는 '알지브라(Algebra)'로 변형됐다. 라틴어 번역본으로 발견된 알콰리즈미의 또 다른 책에는 '알고리트미(Algoritmi)'라는 말이 언급됐고 이 말이 문제 해결을 위한 수학적 논리와 규칙을 말하는 알고리즘(Algorithm)이라는 말로 널리 사용되고 있다. 이들 과학 학문뿐만 아니다. 알칼리, 아말감, 아닐린, 알코올, 나프타, 나트륨, 벤젠, 소다 등 수많은 화학 용어는 아랍이 근원이다. 과거 화학의 모습인 연금술을 알케미(Alchemy)로 부르지 않는가. 아랍이 없었다면 서구에서의 과학혁명은 아주 늦게 일어났을 것이다.

그렇다면 아라비아에서는 왜 뉴턴과 같은 과학혁명이 일어나지 않았을까. 주요 원인이라면 무슬림들의 사회질서가 무너지기 시작할 때 중요한 과학적인 발견을 이룬 반면, 유럽인들은 종교 개혁 이후 오랜 세월 무너져 있던 사회질서가 회복되기 시작할 때쯤 중요한 발견을 해냈기 때문이다. 분명한 것은 이슬람이 유럽의 암흑시대라 불리는 중세 천 년의 역사로부터 탈출해 그들의 근대를 이끈 공신이며 이를 통해 유럽이 서서히 세계의 중심으로 발돋움하는 데 절대적인 영향을 미쳤다는 것이다.

야속하게도 그렇게 또 다른 천 년은 교차한다. 유럽이 두 차례 지옥 같은 전쟁을 치르며 망가졌을 법도 한데, 반사 이익을 얻은 미국이 자유와 평등이라는 건국이념을 토대로 강대국으로 등장하고 냉전시대를 마무리하며 민주주의 산업문명의 시대를 이끌었다. 스스로를 초강대국임을 주장한다. 천 년마다 각자의 우주관을 가지고 지내다 17세기 후반 두 세계의 내러티브가 교차하며 결국 한쪽이 물러나야 했다. 유대인들의 시오니즘, 영국의 이중적인 태도, 그레이트 게임으로 대표되는 다른 유럽 국가들의 대리전 등, 19세기 이후의 이슬람은 혼돈 그 자체였으며 1차대전 후에 있었던 베르사유 조약에 의해서 아랍 국가들은 완전히 찢기게 된다.

압도하는 서구세계는 이슬람을 여전히 휘저으며 마치 이 세상에는 존재하면 안 될 세계를 만들고 있다. 거기에 가장 효과적인 것이 혐오와 차별이다. 서구의 모든 자산의 출발점이 그들이라는 것을 인류의 역사에서 빼내어 버릴 작정이라도 한 듯 말이다. 그 결과로 우리의 역사, 세계관에는 그들에 관해 남아 있는 것이 없고, 오히려 그 자리에 혐오와 편견이 자리 잡았다. 우리는 다른 한쪽의 세계를 전혀 알지 못하고 있는 셈이다.

그들의 일부가 지금 행하고 있는 여러 테러와 악행들은 근본적으로 잘못된 것이지만, 폭력과 상관없이 종교적 생활을 하는 무슬림들이 대다수이다. 우리가 이슬람에 대해 가지고 있는 지독한 편견들을 지우기 위해서라도 그들의 역사를 이해해야 하지 않을까. 배움이 전혀 없는 것인지 여전히 지구촌 어디에

선가 전쟁은 지속된다. 21세기 인류가 20세기 식의 전쟁을 벌인다. 프란치스코 교황은 전쟁이 없는 상태를 평화라고 해서는 안 되고, 불의와 불평등이 제거되어 적극적인 행복을 추구하는 상태가 진정한 평화라고 말했다. 그의 일침은 이슬람의 교리와 크게 다르지 않다.

❖

파괴

우 리 가

자 연 에 서

가 져 간

것 들

중세는 진정 암흑시대인가?

우리는 인류사의 중세시대를 은유적 표현으로 '암흑시대'라고
도 부른다. 이는 개인의 삶에도 있다. 떠올리기도 끔찍한 어떤
사건이나 경험의 시간을 기억에서 칼로 도려내 아무것도 존재
하지 않은 빈 곳이거나 어두운 과거로 만든다. 하지만 뼈아픈
경험은 훗날 추억으로 변하기도 하고, 또 다른 성장의 바탕이
된다. 무엇이든 갑자기 생겨나는 것은 없다. 아무리 우연이라
하더라도 어떤 일이 일어나기 전에 발현의 조건들이 충분히 존
재했기 때문에 가능한 것이다.

가령 빅뱅 이후의 우주가 급팽창한 것도 이유가 있을 것이
다. 이후 인류가 알고 있는 118개의 원소가 만들어지고 물질이
만들어진 것도 그전에 조건이 충분했다. 빅뱅 이후 초기 우주
에서 양성자와 중성자가 떠돌다가 충돌해 핵을 만드는 경우도
우연이나 다름없다. 절대온도 1조 도가 넘는 엄청난 온도와 에
너지로 가득한 '플라스마 수프'라고 하는 상태에서 이 두 입자

는 엄청난 속도로 움직였을 것이다. 그러다가 팽창하며 온도가 식으면 두 입자는 우연히 만난다. 두 입자가 가진 속도와 힘, 그리고 방향은 미리 계산된 것이 아니다. 이는 우연처럼 보이지만, 이 우연을 만든 조건이 있다.

생명의 탄생과 진화도 마찬가지다. 여기에는 '반복 죄수의 딜레마(Interated Prisoner's Dilemma)'의 강력한 전략인 '팃포탯(Tit For Tat)'[1]이 배경에 있다. 과연 분자들이 서로 다시 만날 확률이 커서 미래에 서로 이해관계로 얽힐 것이라고 믿었기 때문에 생명 탄생의 근원이 시작되었을까? 적당한 조건이라면 지능 없이도 이기적 입자들의 세상에서는 협력이 창발된 것이기 때문이고, 이런 협력의 기초가 되는 것은 신뢰가 아니라 관계의 지속성이다. 엄청나게 오랜 시간을 가지고 관계가 지속되며 분자에서 세포로, 생명체로 진화한 것이다. 중세의 암흑시대 역시 우리가 신을 중심으로 억압된 환경에서 근대 인문 사회의 발현을 강조하기 위해 이 시대에 대해 극도의 겸손함을 표현한 것이 후대에 제대로 설명되지 못하고 그저 죽어있던, 마치 인류 문명이 발전하지 않거나 후퇴했던 시기로 와전된 것이 더 적절

---

1   '눈에는 눈, 이에는 이' 전략이다. 쉽게 말해 서로 맞받아치는 것을 말한다. 좋은 행동에는 좋은 행동으로 보상하고, 나쁜 행동에는 나쁜 행동으로 대하기 때문에 결국 협력을 장려하는 방향으로 간다는 것이다. 이는 시간이 지남에 따라 신뢰가 구축되는 상황을 예측하거나 탐색하는 전략이다.

한 표현이다. 중세가 없었다면 근대 역시 존재하지 않았다.

한 가지 예를 들어 보자. 주변에서 간혹 내게 고민 상담이나 문제 해결을 요청하는 경우가 있다. 어떤 일이 있는데, 이런 경우 어떻게 대처해야 하느냐에 관한 문제다(대부분 사람과 관련한 문제가 많다). 흥미로운 것은, 들어 보면 가정에 대한 경우의 수를 늘린다는 것이다. 이 사람이 이렇게 나올 경우 이런 문제가 발생하고, 다른 경우에는 또 다른 해석을 한다. 사람과 관련한 문제는 복잡해서 늘 이런 식이다.

만약 이 상황을 프로그램으로 짠다면 가정문이 둥지를 틀듯 계속되는 if 조건과 else 조건에서 다시 조건문을 경우의 수만큼 나열해야 한다. 이를 컴퓨터 공학적으로는 '조건문이 둥지를 튼다(Nested conditional statement)'라고 표현한다. 이러면 그 깊이는 한도 끝도 없으며, 문제 해결이 되지 않고 혼동할 수 있다. 나는 이럴 때는 '오컴의 면도날(Ockham's Razor)'을 꺼낼 것을 제안한다.

원래는 경제학 분야에서 먼저 적용됐던 논리다. 오컴의 면도날은 어떤 현상을 설명할 때 불필요한 가정을 가급적 하지 않는 것을 원칙으로 한다. 문제에서 불필요한 요건들을 면도날로 도려내어 가급적 단순화하는 것이다. 가령 현상을 설명하는 데 있어서 2개 이상의 가설이 있다면 가장 간단한 쪽을 선택해야 한다는 것이다. 그래서 '단순성의 원리'라고도 부른다. 옥스퍼드에서 공부한 윌리엄 오컴은 14세기 초 로마 가톨릭 교회와 대립하고 있던 세속 제후의 사상적 대변인이었다. 철학과 신학의 분리를 주장한 오컴의 이런 이론은 무척 직관적이고 육감적이며 감각적이다. 오컴의 사상은 17세기의 영국 철학자들에게 많은 영향을 끼쳤다.

물론 서로마 제국이 멸망한 5세기 말부터 새로운 지적 부흥이 꿈틀거리기 시작한 11세기까지 근 6세기 동안에 서유럽의 과학이 침체기에 있었다는 것은 사실이다. 하지만 11세기 이후부터 13세기에 걸쳐 아랍으로부터 그리스 서적들이 유입되며 과학의 진보가 서서히 일어났다.

이 움직임은 아이러니하게도 성당 학교에서 이뤄졌다. 그저 세속적이라 경시했던 학문인 과학이 종교 심장부에서 되살아난 것이다. 이 말은 알렉산드리아의 지식 집합체가 필사가들에 의해 꾸준히 어딘가에서 숨겨져 조심스럽게 관리되어 왔다는 것이 더 맞다. 11세기에 그리스의 기하학과 고대의 수학과 과학적 업적에 관심을 가지는 이들이 많았고 아랍어나 고대어로 된 문헌들을 탐구하게 된다.

사실 십자군전쟁은 이슬람 세력이 점령한 기독교 성지를 탈환하기 위해 조직된 일종의 특수부대인 셈이다. 이후 유럽에서는 성지 탈환의 열기가 고조되었다. 174년 동안 8차에 걸쳐 대규모 십자군이 조직됐고 아랍세계와 전쟁을 벌였다. 십자군은 본 목적인 성지 탈환에는 실패했지만 이후의 유럽과 중동의 역사에 큰 영향을 끼쳤다.

십자군전쟁의 가장 큰 수혜자들은 지중해 연안의 도시 국가들이다. 이는 마치 한국전쟁으로 주변국인 일본이 얻은 혜택과 유사하다. 십자군에게 무기와 식료품 등을 공급하기 위해 지중해 연안 국가들은 중동 지역과 이집트를 비롯해 아프리카 북부의 주요 무역 거점들을 장악했으며, 막대한 부를 축적했다. 이는 상인들이 새로운 귀족으로 등장하는 계기가 된다. 독일어에도 남아 있는 고어이자 프랑크어인 부르그(Burg)는 성읍을 의미한다. 11세기부터는 상업적 성장에 힘입은 상인들이 자체적으로 성벽을 쌓았고 이곳을 피난민들이 정착하며 마을이 자연적으로 형성됐다. 영주가 이들을 보호한다는 목적으로 세금을 걷었는데, 이곳에 거주하는 지배계층을 부르주아지(Bourgeoisie)라 불렀다. 우리가 알고 있는 유산층, 부르주아(Bourgeois)가 여기에서 유래한다.

이들이 축적한 부는 지중해 연안국의 상업과 공업을 크게 발달시키며 르네상스 운동의 자금줄이 된다. 십자군전쟁의 실패와 동시에 교황의 권위와 지지 세력은 정치적 영향력에 심한 손상을 입었다. 기독교 중심의 정치 질서가 무너지기 시작했다는 의미이다. 상공인을 중심으로 부르주아 계급이 등장하며, 유럽 각 나라들이 왕권 민족 국가를 수립하는 계기가 된다. 물론 십자군전쟁 이전에도 아랍으로부터 고대 그리스의 지식이 유럽에 전해졌지만, 십자군전쟁으로 인해 문명적 교류를 폭발시키는 결과를 낳는다.

    당시 유럽 각지에서는 수도원 학교와 대학들이 세워지기 시작하며 스콜라 철학자들은 고대 그리스의 철학을 기독교 교리에 접목하기까지 한다. 기독교가 아리스토텔레스를 조우한 셈이다. 아랍 서적들의 번역을 통해 서유럽에 전해진 그리스의 자연철학, 특히 아리스토텔레스의 저작들은 교회 내의 학자들이었던 스콜라 철학자들에 의해 적극적으로 연구되고 기독교의 교리 안에 녹아들어 갔다.

    스콜라 철학은 중세 수도원 학교의 선생님이나 학생을 의미하는 라틴어 '스콜라티쿠스(Scholasticus)'에서 유래했다. 당시 학문을 수양한 사람들이 대부분 수도원 학교에서 학문을 배우고 제자들을 가르치던 사람들이었기 때문에 이런 이름으로 불리게 된 것이다. 이 시기의 대표적인 철학자가 토마스 아퀴나스다. 그는 기독교 교리와 아리스토텔레스의 철학을 버무려 스콜라 철학을 집대성했다. 오로지 신을 중시했던 아우구스티누스와는 달랐다. 아퀴나스는 철학이 신의 세계를 말로 설명할 수 있는 논리 구조를 갖추고 있다고 했다. 신의 존재를 증명하는 데 고대 그리스의 지식을 동원한 것이다.

    이때 등장한 것이 귀납법이다. 귀납법을 주도한 대표적인 후기 스콜라 철학자가 바로 로저 베이컨과 윌리엄 오컴이다. 13세기 인물인 영국의 로저 베이컨은 수학이나 광학을 동원해 경험과 실험을 통해 확인된 지식만을 중요시했다. 베이컨은 교황에게 과학 교육의 개선과 실험실 설치를 요구하기도 했다. 그의 저작물은 다수가 있으나 대표적으로 눈과 뇌의 구조, 반사와 굴절과 같은 빛의 성질을 설명한 저서가 있었다. 베이컨의 이런 활동은 주변과 후대 과학자들에게 많은 영향을 주었다. 단지 베이컨 자신의 독보적인 연구가 없었을 뿐이다. 그의 연구에는 이전 이론들의 재현적인 실험에 집착하는 경향이 있었다. 물론 이런 경험치도 중요하지만 일단 저질로 놓고 보자는 식의 실험은 낭비가 심하다. 여기에서 오컴의 면도날이 나왔을 수도 있겠다 싶다.

특히 연금술과 관련된 실험 결과들을 고민 없이 받아들이는 바람에 엉뚱한 정의와 해석을 내리는 경우도 허다했다. 하지만 그의 천문학적 사고와 실험은 분명 의미 있었다. 교회가 율리우스력을 그레고리력으로 바꾸게 된 것도 베이컨 때문이다. 베이컨은 1년을 365.25일로 계산한 율리우스력의 오차가 축적되어 황도에서 계산된 계절의 마디가 어긋난다는 사실을 지적했다. 그가 오차를 주장한 지 300년이 지난 1582년, 그레고리 8세 교황은 그레고리력을 선포한다. 이렇게 세상은 숫자와 과학으로 채워지고 다듬어져 가고 있었다.

이 다음에 등장하는 르네상스 운동은 인류 문명을 극대화시키는 전초전이 된다. 이를 강조하기 위해 중세시대를 암흑처럼 말하고 있지만, 중세시대 없이는 근대시대 역시 존재하지 못한다. 사실상 중세는 종교가 인류의 일상을 지배했다. 비록 고대의 철학이 신학의 아래에서 해석됐지만, 대학이 발전하고 종교를 철학적으로 해석하려는 시도와 인간의 이성과 조화를 목적에 두었다. 권력에 영향을 받지 않는 부르주아지는 부만 축적한 것이 아니라 예술과 창조적 문화의 후원자였다. 이런 토대가 있었기에 르네상스는 마치 폭발하듯 깨어날 수 있었다. 재차 강조하지만, 이 시대의 어떠한 성과도 이전 시대의 노력 없이 이뤄진 것은 없다. 설사 그 노력이 실패하면 교훈이라도 남겼다. 중세는 차가운 암흑으로 표현되는 겨울이 아니라 근대 과학의 기초를 닦고 잠에서 깬 가을이었다. 이후 인류 서구 문명에는 다시 봄이 찾아온다.

고대 문명의 부활

앞서 종이에 대한 이야기를 꺼냈지만, 중세 종이는 지금의 그것이 아니었다. 식물에서 셀룰로스를 뽑아내 체에 걸러 만드는 방식은 중국에서 시작됐다. 이 방법이 중국 밖으로 유출된 건 8세기경 지금의 우즈베키스탄 사마르칸트에 전파되면서부터다. 이후 종이 제조법은 12세기경 아랍에 의해 스페인에 전해졌고, 점차 유럽에 퍼지게 됐다. 앞서 언급한 알렉산드리아 도서관의 대부분 자료는 파피루스였고, 중세를 거치면서도 파피루스는 여전히 사용되었다. 유럽에 종이 제조 기술이 도입된 이후에도 여전히 식물 섬유나 넝마를 원료로 해 질이 좋지 않은 종이가 사용되고 있었다.

활자를 조합해 인쇄하는 기구가 만들어진 시기는 그 재료와 방식에 따라 각각 다르다. 특히 인쇄를 시작한 시기는 서기 15세기를 중심으로 등장했다. 하지만 인쇄에 사용된 활자를 구성한 물질은 지금 우리가 아는 것과 다르다. 처음에는 활자에 목재와 석재를 사용했다. 두 재질은 사용량과 시간에 의해 손상되고 파괴된다는 단점이 있다. 이 단점을 보완한 재료가 금속이다. 활자를 구성하는 물질의 진보는 인쇄기의 본격적인 발명으로 이어진다. 이 놀라운 장치는 서양사에서 신성 로마 제국 출신의 세공업자인 요하네스 구텐베르크에 의해 1430년경부터 실험되고 발명된다. 물론 이 부분은 역사적으로 다시 살펴봐야 한다.

지금은 금속활자로 인쇄된 《직지심체요절》이 구텐베르크의 인쇄물인 성서보다 약 78년 앞서 제작되었기 때문에 현존하는 가장 오래된 금속활자 인쇄본으로 인정받고 있다. 결국 서구는 순위를 다툴 다른 해석을 꺼내야 했다. 당시 고려의 금속활자는 상류층만을 위한 도구였고, 일반 서민에게까지 대중화되지는 못했다. 이에 반해 구텐베르크의 금속활자 인쇄기는 종교를 중심으로 바로 대중화가 이어져 출판 혁명이 일어날 수 있었다. 책은 귀족들만 누릴 수 있는 사치품이었는데, 이를 통해 활자화된 지식이 유럽 전역으로 전파될 수 있었다. 서구가 대중화라는 지점을 강조하는 것에 대해서는 인정할 수밖에 없지만, 금속활자의 탄생은 우리나라가 먼저임은 확실하다.

15세기 초까지 유럽에는 수도원이나 성당 학교를 중심으로 한 직업이 하나 있었다. '필사가' 혹은 '서기관'이다. 정확한 명칭은 '스크립토르(Scriptor)'다. 역사에서 특이점인 사건을 일으킨 한 스크립토르가 있다. 1417년, 포조 브라촐리니라는 스크립토르가 독일 남부의 한 수도원을 목표로 말을 타고 숲과 계곡을 가로질러 가고 있었다. 그가 찾고 있는 책은 성서나 미사전서, 찬송가처럼 아름답고 고급스러운 책이 아니었다. 그는 오래된 양피지 위에 활자조차 알아보기 힘든 낡거나 내용이 난해한 책을 찾고 있었다. 그는 5세기부터 10세기에 존재했던 문서에 더 관심이 많았다. 물론 그는 당시의 세계를 미신과 무지에 빠진 수챗구멍과 같은 시대라 여겼다. 하지만 그가 찾고자 한 것은 그 시대의 문명이나 종교와 관련 없는 기록으로, 시대 정신과 스크립토르에 오염되지 않은 기록을 찾아 다녔다. 그는 오염의 시대 이전에 분명 거대한 인류 지식의 보고(寶庫)가 있었을 것이라 믿었다.

포조는 독일 남부로 향하기 전까지 로마 교회의 수장인 교황을 섬겼다. 필사가의 기본인 집중력은 물론이고 아름다운 손글씨와 정확성까지 갖춘 당대 최고의 필사가였다. 그는 모두가 탐내는 자리인 교황의 비서 자리에까지 올랐다.

당시 교황은 요한네스 23세였다. 그는 콘스탄츠 공의회에 의해 1417년에 권력과 명예는 물론 품위마저 잃고 하이델베르크 감옥에 갇힌다. 누구도 포조의 생각을 알 수 없겠지만, 포조가 교황의 비밀을 목격하고 이로 인해 종교와 권력을 경멸했을지도 모른다. 실직한 그가 1417년 독일 남부를 향해 달리고 있던 상황은 최악이었을 것이다. 확실한 것은 그가 마치 금 광맥을 찾는 것처럼 책 사냥을 떠났다는 것이다. 분명 포조에게는 정보가 있었다. 많은 학자들이 베네딕투스회 소속의 풀다 수도원을 그 광맥의 후보로 꼽아왔다. 이 수도원은 보고의 지리적 요건을 갖추고 있었기 때문이다.

그리고 그는 고대 인물인 '티투스 루크레티우스 카투스'란 시인이자 철학자가 쓴 장편의 시를 발견한다. 교훈적 시집의 제목은 《만물의 본성에 대하여》이다. 당시까지 누구도 실제로 루크레티우스의 작품을 직접 본 이가 없어 그의 작품은 세상에서 영원히 사라진 것으로 여겼다. 책에는 상상할 수 없이 깊은 고대인의 지식이 들어 있었다.

사실 고대 그리스, 로마시대에 만들어진 유산이 지금까지 남아 있는 경우는 드물다. 숯처럼 검게 덩어리가 된 파피루스의 두루마리나 파편들이 전부다. 지금 우리가 접하는 대부분의 문헌은 원본이 만들어진 시기와 격리된 후대의 필사본들이다. 파피루스나 양피지에게 시간은 독과 같았다. 엄청난 인고의 시간을 견디고 포조에 의해 발견된 책에는 당시 사람들이 받아들이기에는 어처구니없는 내용이 아름답게 채워져 있었다.

물론 루크레티우스는 지금의 기본적인 지식 수준과도 동떨어져 있었다. 그는 태양이 지구 주위를 돈다고 믿었고, 벌레는 습한 흙에서 만들어지며, 번개는 두꺼운 구름이 만든 불씨라 여겼다. 하지만 그의 시에는 관통하는 맥이 있었다. 그는 우주 공간에서 무작위로 움직이는 무수한 원자들로 우주가 구성됐다고 했다. 말 그대로 물질계를 설명한 것이다. 살아 있는 생명은 자연법칙을 따르고 진화는 무작위적이다. 그 어떤 것도 영원하지 않지만 유일하게 영원불멸한 것은 원자로, 무수한 원자들이 충돌하고 서로 결합하며 복잡한 물질을 만들고 다시 분리되는 생성과 파괴의 과정이 세상이라는 것이었다.

이론물리학자 리처드 파인만이 남긴 유명한 문장이 있다. "어른들이 모두 사라지는 세상의 종말에 남은 몇 명의 아이들에게 남겨야 할 말이 있다면, 세상은 원자로 이뤄졌다는 것이다."라는 말이다. 2천 년 전에 인류가 고민했던 세상을 구성하는 물질, 불도 물도 흙도 공기도 아닌 영원히 쪼갤 수 없는 미립자였던 원자는 지각에 갇혀 있다가 이렇게 다시 세상의 빛을 보게 됐다.

* * *

우리는 르네상스의 의미를 학문이나 예술의 재생, 혹은 부활로 생각한다. 르네상스는 고대 그리스의 문화를 부흥시켜 새로운 문명을 만든 운동이었다. 그 의미를 강조하기 위해 서로마 제국이 몰락한 5세기부터 르네상스의 출발점인 14세기까지를 '암흑시대'로 상징한 것일 뿐, 중세에도 문명의 발달은 있었다. 다만 서구에 의한 추동이 아니었을 뿐이다. 르네상스 운동의 시작은 고전에 대한 연구부터다. 우리는 이 르네상스를 이끌었던 인문주의자를 지금의 인문학과 혹은 문학을 탐구하는 범위로 축소해 이해하기도 한다.

하지만 당시 인문주의자는 수사학, 역사학, 철학과 같은 인문학 분야의 고전은 물론 정치 사회, 예술과 건축 등 여러 분야로 확장했다. 이탈리아에서 시작된 르네상스 운동은 16세기에는 프랑스, 영국, 독일을 거치며 네덜란드, 스페인 등 북부 유럽으로 확산됐고, 각 나라의 전통과 결합하며 국가 특이점을 가진 개성적인 르네상스로 발전하며 종교에까지 영향을 끼쳤다. 이상적 국가를 묘사한 소설 《유토피아》를 저술한 영국의 토마스 모어, 초기 교회의 순수함으로 회귀를 주장했던 네덜란드의 데시드리우스 에라스무스의 활동은 결국 종교개혁의 비료가 됐다.

인문주의는 종교뿐만 아니라 권력에도 영향을 끼친다. 루이 14세의 절대왕조를 탄생시키는 철학적 바탕은 수상록을 저술한 미셸 드 몽테뉴였다. 윌리엄 셰익스피어의 작품들은 영국 엘리자베스 1세 여왕의 통치하에서 나왔다. 스페인에서 활동한 미겔 데 세르반테스의 소설도 스페인 절대왕정과 연관이 있다.

르네상스는 결국 근대 과학의 등장에 영향을 주었다. 고대 전통으로 돌아가는 것을 목표로 했던 르네상스 운동은 학자들이 고대 그리스 과학과 철학에 조우할 수 있는 기회였다. 초기에는 당시의 학자들이 아랍을 통해 전해진 고대 그리스 문헌을 고민과 비판 없이 그대로 흡수하느라 분주했다. 하지만 시간이 지나며 고대 과학의 모순을 발견한 사람들이 나타났다. 대표적 인물이 태양 중심설을 주장한 폴란드의 니콜라우스 코페르니쿠스이다. 그는 지구중심설을 반대했으며, 태양중심설이 실린 《천체 회전에 관하여》를 출판했다. 우리가 알고 있는 천문학의 시작과 물리학의 태동인 것이다.

이것은 단지 과학적 과제만은 아니었다. 이 고민은 그리스도의 몸을 빵과 물로 실체화하는 성변화(聖變化)로 가톨릭 교리가 가진 사안이었기 때문에 중세 신학자들이 씨름했던 과제 중 하나였다. 루크레티우스의 교훈적 시집인 《만물의 본성에 대하여》의 재발견과 바로 이어진 출판은 고대 그리스의 원자론을 세상에 다시 유행하게 했다. 원론적으로 원자론은 이 변화 문제에 대한 설명을 가능케 했다. 16세기와 17세기에는 과학자들 사이에서 미립자에 대한 이해를 두고 전반적인 재유행이 있었다. 보일, 데카르트, 뉴턴과 같은 자연철학자들은 원자와 미립자라는 가상 세계의 관점에서 사색하는 것을 즐겼다.

인류의 과학 문명 발달은 물리학에서 원자의 정체를 밝힌 것에서 시작됐다. 그리고 그러한 시작은 고대의 지식에서부터 이어졌다. 지금의 과학은 근대로 넘어가며 새롭게 시작됐고, 이후 급속도로 발전한다. 과학은 산업과 문명의 밑거름이 됐다. 만약 이러한 발전 과정이 없었다면, 아마도 인류는 긴 겨울을 맞이하고 있었을지도 모르겠다. 다만 가끔은 이런 생각도 든다. 인류에게 찾아온 봄이 인간의 욕망과 충돌하며 더운 여름으로 너무 빨리 가 버린 것은 아닐까. 문명의 발전 속도와 파괴 속도, 둘 다 빠르다. 비행기는 착륙하기 위해 감속하지만, 인류는 그렇게 하지 않는다. 창밖을 바라보아도 우리의 속도는 감속하고 있는 것 같지 않다. 과연 우리 인류는 언젠가 안전한 장소에 착륙할 수 있을까.

아수라장이 된 낙원

유럽에서는 중세 말기부터 지리적 한계를 넘어서는 대규모 확장이 2번 벌어진다. 첫 번째는 1417년 르네상스시대의 시작과 함께 봉합된 대륙을 지나는 확장이다. 이런 종류의 확장에는 막대한 비용을 투자하기에 합당하고 적절한 이유와 목적이 존재한다. 그 중심에는 향신료 무역이 있었다. 지금과 달리 향신료를 처음 접한 서구인들은 그것에 열광했고, 향신료 무역이 만든 막대한 이익은 이탈리아를 중심으로 지중해에 고스란히 쌓였다. 인간은 생사라는 결핍의 문제가 해결되면 외형적 혹은 지적 허기를 채우고자 한다. 이 욕구가 사회 전 분야에 문화라는 옷으로 갈아입은 것이 르네상스의 본질이다.

두 번째는 1492년, 광활한 바다 너머 세계로의 확장이었다. 바야흐로 '대항해시대'의 서막이다. 이 중심에는 금과 은, 그리고 향신료가 있었다. 동방에서 생산되는 향신료와 맞바꿀 대상으로 귀금속이 필요해진 것이다. 그러니까 향신료는 단순한 상거래 품목이 아닌 귀금속과 맞바꿀만한 가치의 상품으로 취급됐다. 향신료는 기원전 3세기 헬레니즘시대부터 동방에서 그리스에 소개된 후 로마 상류층의 영혼을 강탈했다. 안타깝게도 향신료는 유럽에서 재배되지 않았다. 유일한 공급처는 원산지인 인도나 중국과 같은 동방이었고 이 물질은 15세기 중반까지 '실크로드'라는 교역로를 이동했다. 동방에서 아라비아해를 거쳐 들여온 향신료는 이슬람의 중간 상인들이 독점했다. 그리고 콘스탄티노플, 알렉산드리아, 베이루트, 흑해 연안으로 들여와 베네치아의 이탈리아 상인들을 통해 유럽 전체에 공급됐다. 당시 베네치아는 유럽 향신료 공급의 80%를 장악하고 있었다.

당시 공식적이진 않았으나 세계적으로 통용된 기축통화는 '은'이었다. 향신료 거래로 전체 은 유통량의 절반 이상이 아시아와 중국으로 흘러 들어갔고, 중국으로 들어간 은은 세상 밖으로 나오지 않았다. 마치 물을 빨아들이는 스펀지처럼 은을 빨아들였다. 1453년 오스만제국의 마호메트 2세가 콘스탄티노플을 점령하며 비잔티움 제국을 멸망시키고, 당대 최고의 국가로 떠오르며 동방무역로를 차단했다. 그러고는 수입과 수출에 막대한 관세를 부과했다. 당시 후추 1g이 같은 무게의 은과 거래될 정도였으니, 유럽의 만성 적자는 불을 보듯 뻔했다. 과도한 관세와 가격 인상을 벗어나기 위해 유럽 상인들은 원산지와 직접 거래가 필요했다. 물론 여기에는 향신료뿐만 아닌 동방의 원단, 도자기, 보석 등 신비한 물건도 포함됐다.

동방으로 가는 길은 상업 도시인 베네치아와 이슬람 제국에 의해 막혀 있었다. 타협은 불가했다. 800년 동안 점령당한 대지를 되찾기 위해 벌인 레콩키스타전쟁에서 간신히 이슬람 세력을 몰아낸 포르투갈과 스페인 입장에서 이슬람과 협상은 말도 안 되는 일이었다. 포르투갈은 아프리카를 돌아 남반구를 통해 동방에 접촉할 계획을 세웠다. 하지만 이 시도는 거리가 멀고 위험도가 컸으며 이에 비례해 비용도 많이 든다. 이때 간단한 루트를 주장하며 나타난 이가 있었다. 그가 크리스토퍼 콜럼버스다. 콜럼버스는 대서양을 지나 서쪽으로 가면 인도를 만날 수 있다고 주장했다. 그는 지구는 둥글어 서쪽으로 돌아가면 인도에 도착할 수 있다는 지구 구체설을 믿었기 때문이다.

이후 그가 도착한 카리브해 일대를 '서인도 제도'로 부르고 그 원주민을 '인디언'으로 부르게 된 계기도 인도라는 목적지에 기인한다. 사실 콜럼버스는 지구가 구형이 아닌 과일인 배를 닮았다고 생각했으며 지구 크기에 대한 계산도 고대 그리스 학자들이 계산한 값과 달랐다. 그 차이가 무려 8천 km에 달했다. 어쩌면 이런 오차와 실수가 있었기에 그의 무모한 항해가 시도됐을지도 모른다. 그의 항해 일지에는 가도 가도 보이지 않는 신대륙을 원망하는 선원들에게 지난 항해 날짜를 속였다는 기록까지 있다. 사실 그가 목숨을 걸고 이렇게 대서양 횡단을 하려고 한 이유는 막대한 부를 거머쥐고 빚을 갚아 신분 상승할 기회였기 때문이다. 위대한 탐험가라고 포장된 거대한 사건의 발단이 사적인 욕망이었다니, 이런 사실을 몰랐던 이들은 다소 실망스러울 수도 있겠다.

콜럼버스는 포르투갈 국왕을 찾아가 개척지의 항해에 투자를 제안했으나, 포르투갈의 입장에서 이탈리아의 투자금을 함부로 쓸 수가 없었다. 거절당한 콜럼버스는 스페인으로 향했다. 동방에 대한 갈망이 이슬람 제국으로 억눌린 상황에서 유일한 방법은 타협이 아니면 새로운 경로의 개척이었으므로, 스페인 군주에게 콜럼버스의 제안은 유혹적일 수밖에 없었다. 스페인 왕인 페르디난트 2세와 여왕인 이사벨라 1세는 콜롬버스를 완전히 믿지 못하여 일단 소규모 투자를 결정한다. 스페인 왕실은 리스크 관리를 택한 것이다.

당시의 탐사 투자는 천문학적 비용이 들었을 것으로 예상된다. 역사가들에 의한 콜럼버스의 평가는 일종의 망상주의자처럼 보이기도 하니, 당시 그에 대한 왕실의 신뢰가 두텁지 않았던 것에 납득이 간다. 결과적으로 어렵게 3척의 소형 범선이 준비되었다. 100명이 채 안 되는 인원으로 선단이 꾸려졌다. 기함인 산타마리아호를 앞세운 3척의 범선은 서쪽으로 향했다. 이들은 1492년 10월 12일에 현재의 바하마 제도에 있는 산살바도르섬에 도착한다. 큰 희망을 품고 스페인을 떠난 지 60일이 지나서였다.

1493년 3월, 콜럼버스는 인디언 포로와 금 장식품을 가지고 돌아온다. 이 증거로 왕실의 신뢰를 얻었고, 17척의 배와

1,500명의 선원으로 두 번째 원정단이 꾸려진다. 두 번째 선단에는 기독교를 전파하겠다는 사제도 참여한다. 콜럼버스의 대전환은 단지 경제적 가치만을 두고 말하는 것이 아니다. 물론 종교와 문화적인 부분도 있었지만, 사실 인간이 상상할 수 있는 그 이상의 교환이 있었다.

드디어 콜럼버스로 인해 대항해시대가 열렸다. 세계 시장에 눈을 뜬 유럽인들은 대서양을 통해 지중해에서 다른 대륙으로 눈을 돌리기 시작했다. 지중해 무역으로 부를 축적한 이탈리아와 독일은 포르투갈에 투자한다. 당시 이슬람과 전쟁으로 폐허에 가까웠던 포르투갈은 가난했지만, 대서양에 가까이 붙어 있다는 지리적 우월성으로 선택되었다. 부르주아지 계급이 투자로 조선 산업을 발달시켰다.

신항로 개척은 위험이 따르지만, 포르투갈은 의외로 선전한다. 아프리카 남단 희망봉과 인도의 캘리컷과 고아까지 점령하고 동쪽으로 더 나아가 인도네시아와 마카오까지 점령 후 일본까지 도착하게 된다. 이후 포르투갈의 페르디난드 마젤란이 태평양을 횡단하기까지 약 30년이 걸렸다. 유럽과 아메리카를 연결하는 대서양, 유럽과 북아프리카의 지중해, 아프리카와 인도-동남아시아의 인도양을 통해 전 세계가 봉합됐다. 우리가 대항해시대라고 하면 가장 강력한 국가를 포르투갈로 생각하는 것도 무리가 아니다.

새로운 항로와 함께 출현한 새로운 재원은 기존 유럽 국가의 경제 권력을 흔들어 놨다. 포르투갈은 막대한 후추를 유럽에 들여왔다. 공급량이 많아지면 시장 논리에 의해 가격이 떨어지기 마련이다. 후추에 낀 가격 거품이 가라앉자 포르투갈의 상황이 나빠졌고, 여기에 자금을 투자한 이탈리아와 독일의 상인들도 자금을 회수하기 시작했다. 결국 포르투갈은 디폴트와 함께 이웃인 스페인에 병합된다.

지금의 볼리비아의 포토시, 멕시코의 사카테카스 등에서 은이 채굴됐다. 신대륙 발견 후 아메리카에서만 들어 온 양이 당시까지 유럽의 은 생산량보다 7배나 많았다. 100년 사이에 은 가격은 절반의 절반으로 떨어졌다. 당시 유럽 대륙의 은 생산은 주로 독일 남부 광산이었는데, 이로 인해 독일은 직격탄을 맞는다.

스페인은 어땠을까. 신대륙의 금과 은으로 엄청난 부를 얻은 스페인은 잉여분을 산업에 투자하지 않고 해군력을 키워 이슬람권과의 영역 다툼을 지속했다. 그리고 교회를 비롯한 각종 건축물에 돈을 쏟아부었다. 지금이야 당시 지어진 건축물이 관광자원이 되어 그 후손에게 귀한 돈줄이 됐지만, 그때는 아니었다. 이 일로 늘어난 부채는 신대륙에서 가져온 금과 은으로도 해결할 수 없을 정도였고 이후 포토시 은광이 고갈되자 급격한 몰락의 길을 걷는다.

그들은 쇠락의 길을 걷는 것으로 마무리되었지만, 콜럼버스의 교환은 실제로 유럽에 많은 것을 변화시켰다. 결과적으로 지금의 서구세계를 만든 셈이다. 그렇다면 유럽이 신대륙에 끼친 영향은 어땠을까. 그들은 총과 칼을 앞세워 원주민을 학살하고 점령했으며, 농작물을 이동시켰고 노동력을 이유로 노예무역을 개시해 사람들의 대륙 간 이동이 시작됐다. 단순히 남반구나 열대지방에 살던 인류와 북반구 인류가 조우를 하는 정도를 넘어선다. '콜럼버스의 대전환'이라 칭할 만한 사건은 바로 '생태계 교환'이었고, 이를 계기로 수천 년 동안 인류와 자연을 관통하던 질서가 무너져 버린 것이다.

콜럼버스의 신대륙 발견이 가지는 인류사적 의미를 르포작가인 찰스 만은 '호모제노센(Homogenocene)'이라 칭했다. 제러드 다이아몬드가 저술한 《총 균 쇠》에서도 원주민을 초토화한 질병을 다룬다. 호모제노센이란 지구적 삶의 균질화·동질화된 인류를 말한다. 서로 다른 성분이 섞이며 전체가 균일화된 조합으로 재탄생한 대상인 것이다. 하지만 콜럼버스는 인류 중심을 넘어 지구 생태계에 막대한 변화를 몰고 온, 중요하게 다뤄야 할 인물이다. 콜럼버스로 인해 서로 만나지 않았던 생명체들이 마치 비빔밥처럼 순식간에 버무려져 버린 셈이다.

사료에 의하면 콜럼버스가 처음 도착한 히스파니올라섬의 인구에 대해 여러 주장이 있다. 수백만 명이라고 주장하는 학자들도 있지만, 수십만 명이었다는 것이 정설로 인정을 받고 있다. 중요한 것은 수의 많고 적음이 아니라 그 자체가 고귀한 생명이었으며, 극에 달한 인간의 욕망으로 이들이 허무하게 소멸되었다는 점이다. 콜럼버스의 항해 후 많은 선단이 그의 뒤를 이었고, 개척이라는 이름으로 침투했다. 정복자의 방문 횟수가 많아질수록 잔혹한 행위가 심해져 더욱 많은 원주민이 희생되었을 수도 있다. 콜럼버스의 항해가 22년째 되던 해, 히스파니올라섬에 남은 원주민의 숫자는 500명 남짓이었다.

아메리카에는 가축화된 큰 동물이 없었기에 유라시아에 흔한 질병이 없었다. 이 질병은 선박에 함께 타고 온 동물의 몸을 타고 이들에게 전해졌다. 1518년에 침투한 천연두는 멕시코를 기점으로 중앙아메리카를 휩쓸고 볼리비아와 칠레까지 번졌다. 국제 공항 활주로에 착륙하는 항공기처럼 신대륙에 생소한 질병들이 차례차례 착륙했다. 유럽인에게도 이들 질병은 무서운 존재지만, 그들이 수천 년 동안 함께 지내고 견디며 버텨 온 대상이자 공생 가능한 존재였다. 하지만 짧은 시간 동안 한꺼번에 이들을 맞이하는 건 완전히 다른 이야기가 된다. 그것은 거기에 사는 인류에게 생지옥을 안겨 준 것과 다름없었고, 대부분 원주민의 생명이 소멸된 건 당연한 결과였다. 원주민의 눈에 비친 콜럼버스는 그저 정복자였으며, 하늘이 보낸 악마였고, 경험해 보지 못한 생태계 재앙을 가져온 인물이었다.

기후 변화, 판도라의 상자를 열다

  사람의 기억은 깃털 마냥 가볍다. 올해 유난히 봄이 빨리 찾아왔던 일을 까맣게 잊었다. 아직 겨울의 마지막 눈이 그치지 않았는데 목련과 개나리가 개화했다. 대지에 뿌리를 내리고 살아가야 하는 식물의 삶은 환경에 가장 먼저 영향을 받는다. 또 한 겹의 테를 몸에 두르기 전에 자신의 유전자를 대지에 남겨야 한다. 이것이 그들의 몸에 새긴 시계가 언젠가부터 세상의 시간과 맞지 않는다. 여름이라고 별반 다르지 않다. '열섬', '열돔'이란 용어는 불편하게 다가온다. 섬과 돔은 일종의 고립이고 구속이다. 피하지 못하는 식물처럼 거대한 자연의 폭력을 맨몸으로 받아야 하는 형벌 같다.

  이전에는 처서에 다다르면 거짓말처럼 피부에 닿는 대기의 결이 달라졌었다. 하지만 이 황도 선에 있던 시계도 조금씩 어긋나며 심지어 모기조차 만나기 쉽지 않다. 사람을 괴롭히는 모기의 소멸이 반갑기도 하지만 미물조차도 삶을 메워왔던 일부임을 알기에 그 부재의 자리를 자연이 무엇으로 채울지 두렵다. 기상학에서 사용하는 평년(平年)이란 용어의 기간은 30년이다. 실제로 과거 30년 대비 최근 30년의 여름은 20일 길어지고, 겨울은 22일 짧아졌다. 봄과 여름의 시작일도 각각 열흘 이상 빨라졌다. 기록의 힘은 기억보다 강하고 감각의 경험을 증거로 만든다. 무언가 달라진 게 확실하다. 깨어 있는 사람들이 거리에서 지구의 1.5도를 지켜내자고 외친다.

물리학은 세상 만물이 작동하는 원리를 찾아 숫자와 기호로 복잡한 세상의 움직임을 표현한 단 1줄의 문장들로 정리해 법칙을 만든다. 물리학 덕에 세상이 조금 단순해 보이기도 한다. 이 중에 운동 제1법칙이 '관성의 법칙'이다. 모든 물체는 외부에서 힘이 가해지지 않는 한, 운동하고 있는 상태를 그대로 유지하려고 한다.

신기하게도 이 법칙은 기후에도 통한다. 날씨는 변덕스러울 수 있어도 기후는 관성에 의해 지속적이어야 하는 게 맞다. 지금 생존하는 대부분 생명체는 마지막 빙하기 이후 만 년 동안 지속된 기후에서 탄생하고 적응해 진화했다. 모든 삶이 이 기후에 의지해야 지속할 수 있다. 이미 우리는 여러 기후 변화가 카오스, 즉 혼돈을 추동하는 시작임을 알고 있다. 기상학자 에드워드 노턴 로렌츠가 브라질에 있는 나비의 날갯짓이 텍사스에 토네이도를 일으킬 수 있다고 한 말을 이제는 누구도 반론하지 않는다. 그런데 그저 나비의 날갯짓 정도가 아니라 조금 더 의심스럽고 나쁜 현상들이 인간 사회의 활주로에 차례차례 착륙하고 있다.

중국 남부와 서부 유럽은 100년 만에 물난리를 겪었다. 홍수가 덮친 독일 마을 주민의 눈에는 상실의 슬픔보다 앞으로 닥칠 재앙의 귀환에 대한 두려움이 보인다. 북아메리카와 시베리아의 여름은 한반도에서도 흔치 않은 섭씨 40도를 넘나들었다. 미래에는 기후를 배경으로 한 모든 동화를 새로 써야할지도 모른다.

직접적 원인은 물의 순환이라는 균형이 뒤틀린 탓이다. 홍수와 가뭄은 다른 현상이지만, 근본 원인은 같다. 한쪽이 가물면 다른 한쪽에 수증기가 몰리는 단순한 원리다. 고온 현상은 자연에 또 다른 재앙을 일으키는 도화선이다. 한증막처럼 달궈진 수증기는 에너지를 머금고 있는 폭약이다. 최근 태풍의 크기가 커진 것도 이 때문이다. 대기 불안정은 번개를 발생시킨다. 물기를 머금지 못하고 바짝 마른 식물은 불의 훌륭한 재료가 된다. 유럽과 시베리아 대평원 그리고 북아메리카와 북아프리카의 울창한 산림에는 1년 내내 화재가 끊이지 않았다. 나무가 가두고 있던 막대한 양의 탄소가 산소와 만나 다시 대기로 뿜어졌다. 대기에 더해진 온실가스는 다시 지구를 데울 것이다.

북극과 남극 지역의 기온이 올라가면서 해빙으로 얼음에 갇혀 있던 물이 수증기로 변해 점점 더 많이 대기에 쌓일 것이다. 적도와 온도 차가 적어지면 지구 전체의 해류 이동과 대기

순환이 약해진다. 공기 흐름이 느려진 결과 더운 고기압의 정체가 계속된다. 열돔 현상은 기후 변화의 대표적인 현상이다. 수백 년 동안 얼어 있던 동토지대가 녹고 대지 위로 녹은 물이 올라오며 땅이 가라앉는다. 동토에 터전을 둔 가옥이 뒤틀어져 바닥이 기울고 현관문이 닫히지 않는다. 기후 변화가 언젠가 마을을 집어삼키면 인류는 살던 세계를 떠나야 할 것이다.

우리는 이미 이런 비슷한 지옥을 경험했지만 반복되는 역사에도 불구하고 전혀 교훈을 얻지 못했다. 1550년부터 1750년 사이, 지구 북반구의 온도계는 요동치고 있었다. 이는 지금 우리가 경험하기 시작한 기후 변화와 유사하다. 현재는 지구의 온도가 서서히 올라가고 있다면, 당시에는 반대로 온도가 내려갔다. 긴 겨울이 지나고 봄은 늦게 찾아왔으며, 어느 해는 여름이 사라졌다. 한 세기 동안 유럽은 계절을 무시한 폭설과 한파로 몸살을 앓았다.

지금은 동토지대와 극지방의 해빙을 우려하지만, 당시 덴마크와 스웨덴 사이 100여 km에 달하는 바다가 얼어붙어 사람이 걸어 다닐 수 있을 정도였다고 한다. 이런 환경 변화에 농사에 타격이 왔고, 그 식물을 먹고 사는 동물에게 시련이 옮겨 갔다. 물론 이런 변화는 어느 날 갑자기 찾아오거나 순간적으로 멈추지 않는다. 관성이 그래서 무섭다. 마치 끓는 솥에 미끄러지듯이 서서히 다가온다.

1650년을 중심으로 한 세기는 지구 역사에 소빙기(Little Ice

Age)로 기록될 정도로 한랭했으며, 유럽뿐만 아니라 전 지구적 재앙이었다. 이런 이상 기후는 이후에도 간헐적으로 나타났고, 19세기 후반으로 들어서며 안정을 찾았다. 가령 1816년은 유럽과 아메리카에 여름이 없는 해로 기록된다. 한여름에도 폭설과 추위가 찾아왔다.

한반도에는 이런 냉기가 기록되지 않았지만, 1670년은 현종실록에 우리가 알고 있는 모든 자연재해가 한꺼번에 일어난 해로 기록돼 있다. 조선 팔도 전체에 흉작이 들었다. 현종이 재위하던 1670년(경술년)과 1671년(신해년)에 벌어진 기근을 '경신대기근'이라고 한다. 당시 조선의 인구의 약 10%가 사망했다. 재앙은 세계 곳곳에 있었다. 인도에는 '데칸 대기근'이 있었다. 일본 막부에서도 '칸에이 대기근'과 '엔포 대기근'이 일어났다. 17세기 전 지구적 재앙은 기후 변화의 연장선에 있었다.

유럽의 목재 가격이 치솟았다. 추위를 견디기 위해서는 열이 필요했는데 당시 주요 열원은 목재였다. 석탄이 목재보다 열 효율이 좋다는 것을 알고 있었지만 대장간에서는 여전히 목재가 사용됐다. 쉽게 구할 수 있는 재료이기도 했지만, 석탄을 다루는 기술도 부족했다. 석탄에는 다양한 휘발성물질이 있기 때문이다. 목재 부족 현상은 몇 세기 이전부터 있었다. 대항해시대가 본격적으로 이뤄질 때 목재 부족은 조선업에 치명적이었고 결국 16세기에는 대부분 배의 건조가 목재가 풍부한 식민지에서 이뤄졌다. 하지만 기후 변화로 열원이 바뀌었다. 석탄이 본격적으로 난방과 산업에 사용됐고 지상에서 쉽게 얻었던 석탄은 바닥을 드러냈다.

　석탄이 당연히 땅 아래에 있어야 할 것 같은데, 지상에 있었다니 이상하게 들릴지 모르겠다. 이 석탄은 식물이 땅에 묻힌 지 얼마 되지 않아 탄화가 많이 진행하지 않은 석탄이다. 대부분 질 낮은 이탄(Peat)이나 토탄(Turf)으로 부른다. 당시 석탄 공급원은 노천광이 아니면 대부분 깊이 15m 이하의 얕은 소규모 광산이었다. 고갈을 앞두고 남은 방법은 깊은 땅속에 묻혀 있는 석탄을 밖으로 꺼내는 일이다.

　석탄을 꺼내는 일은 인류에게 쉽게 허락되지 않았다. 석탄은 수 km 아래의 고온에서도 미생물에 의해 분해되지 않고 탄화된 물질이다. 당시 식물의 몸을 둘렀던 리그닌이란 물질을 분해할 미생물이 없었던 고생대 석탄기에 만들어진 물질이다. 지구 중심으로 100m만 내려가도 섭씨 3도씩 올라간다. 석탄을 캐러 1km만 내려가도 엄청나게 더운데다 좁고 어두운 갱도는 붕괴와 폭발 사고가 잦았다. 여기에 투입된 광부는 몸집이 작은 어린아이들이었다.

　더 곤혹스러운 일은 갱도에 차오르는 지하수였다. 갱도에 흘러든 지하수를 퍼낼 일종의 펌프가 필요했다. 이때 등장한 것이 바로 최초의 열기관인 '증기기관'이다. 증기기관은 물을 끓여 발생한 수증기의 압력을 이용해 실린더 내부의 피스톤을 움직이게 하고 피스톤의 직선 왕복운동을 기계적 회전운동으로 교환한 열기관이다. 당시 증기기관의 효율은 에너지 측면에서 5% 정도로, 열을 기계의 일로 바꾸는 과정에서 95%의 열에너지를 잃는 비효율적 기계였다.

하지만 이런 낮은 효율의 증기기관도 석탄광에서는 약 200명의 남자를 대신하는 역할을 했다. 증기기관의 등장 이후 석탄 생산량은 연간 1억 5천만 톤으로 초기에 비해 무려 500%나 증가하게 된다. 1800년이 되면 영국은 약 2천 개의 증기기관을 갖게 된다. 만 명 이상의 사망자를 낸 '런던 스모그(Great Smog)'는 20세기 중반에 발생했지만, 사실 이때부터 화학물질을 대기에 갈아 넣은 셈이다. 인간은 기후 변화라는 판도라 상자의 자물쇠를 열어 버린 것이다.

여섯 번째 대멸종의 도래

기계의 회전운동은 여러모로 쓸모가 있다. 바퀴로 움직이는 모든 것에 적용이 가능하다. 영국은 식민지에서 가져온 목화를 베틀에 응용하며 면직 산업을 발전시켰다. 산업에 적용한 증기기관은 물만 빨아들인 것이 아니라 전 세계를 무대로 자본을 빨아들였다. 이를 혁명처럼 여겨 산업혁명이라 부르지 않던가. 물론 자본의 시각에서는 혁명이다. 하지만 물질의 역사에서 보면 인류가 물질이 가진 에너지를 사용하게 된, 자연의 비밀을 캐낸 사건이다. 증기기관은 외연기관(External Engine)이다. 인류는 실린더 내부에서 연소해 에너지 손실을 최대한 줄일 수 있는 내연기관(Internal Engine)을 꿈꿨지만 석탄은 내연기관에 적합한 연료가 될 수 없었다.

잉글랜드의 콜브룩데일은 영국 제철공업의 중심지였다. 목탄으로 제련한 철은 석탄이 이용되며 생산량이 급증했다. 1850년이 되면 영국의 철생산은 전 세계 생산량의 절반을 차지한다. 철 생산량이 급증하며 기차와 배로 운송하기 위해 철교뿐만 아니라 증기기관차와 선박이 등장한다. 그러면서 석탄과 철은 더 급속히 퍼져 간다. 19세기 중반이 되면 철제 증기선은 더 이상 승객이나 화물을 운송하는 데에만 사용하지 않는다. 이때부터 군사적 목적으로 사용하기 시작한다. 철제 증기선에 근대 무기들을 장착한 유럽인들은 시장 확장을 위해 식민지 건설에 더 적극적으로 나선다. 철제 군함은 유럽인들이 나머지 세계들을 식민화하는 데 매우 중요한 수단이 된다. 한반도 서쪽에 유럽의 철제 군함이 올 수 있었던 것은 어쩌면 앞서 언급한 기후적 사건에서 출발했다고 보아도 무방하다.

석탄은 지구가 인류에게 준 소중한 유산이다. 그런데 인류에게 자연으로부터 또 다른 선물이 도착한다. 1859년에 미국 펜실베니아주 타이터스빌 근처 시추개발에서 수직갱도의 물 위에 반짝이는 검은 기름띠를 발견하며 원유가 등장한다. 최초의 유정(油井)[2]이 발견된 것이다. 원유를 증류한 물질은 특별했다. 은은하게 자신의 몸을 태워 빛으로 바꿨고, 다른 동식물에서 얻어낸 기름과 달리 그을음이 적었다. 자신을 모두 태우고 흔적도 없이 사라졌다. 인류는 검은 원유가 품고 있던 특별하고 순수한 연료를 분별해낸 것이다. 처음 정제한 유분에 케

---

[2] 최초의 유정은 증기기관이 사용됐다.

로신이라는 이름을 붙였다. 1854년에 인류 앞에 등유가 등장한 것이다.

석유는 인류의 밤을 밝히기도 했지만, 가장 유용하게 사용된 것은 열기관인 내연기관의 연료로 사용된 것이었다. 칼 벤츠와 다임러, 마이바흐가 내연기관 자동차를 만들 수 있었던 이유는 양질의 유분을 구분해내고 이 유분이 강한 폭발력과 함께 연소 후에도 실린더에 찌꺼기를 남기지 않았기 때문이다. 석유는 열기관의 발전 외에도 근대 유기화학과 정밀화학 산업 발전에 큰 변화를 가져왔다. 두 물질을 딛고 일어선 화학의 발전은 인류를 완전히 다른 세상에 살게 했다.

결국 기후 변화가 모든 과학 발전의 추동력이 된 셈이다. 그런데 17세기를 중심으로 한 기후의 변화는 우연한 자연의 흐름이었을까. 여기에 인간이 개입하지 않았을까. 역사학자와 기후사학자들은 소빙하기의 원인을 여러 간접적 증거를 토대로 추론했다. 수백 년이 지난 일이었으니 당시 환경을 간직하고 지금까지 남아 있는 것들을 찾거나 기록에 의존할 수 밖에 없다. 가령 지금의 극지연구소 같은 실험실에서 빙하의 시간을 거꾸로 찾기 위해 당시 지구 환경을 품고 얼음에 봉인된 작은 기체 방울을 연구하는 식이다.

자연은 우리가 상상한 것보다 많은 곳에 과거 지구의 모습을 과학의 언어로 숨겨 놓았다. 지금까지 이 시기의 소빙하기 원인으로 가장 많이 언급되는 요인은 태양의 흑점이었다. 실제로 태양의 불규칙 활동기(Maunder Minimum)가 이 시기에 있었다. 흑점은 지름이 수천 km에서 수만 km에 달하는 태양 표면의 어두운 영역으로, 태양 활동이 활발하게 일어나는 곳이다.

이 장소에서 플레어 현상이나 홍염을 볼 수 있는데, 이런 태양 활동은 지구 기후에 직접적 영향을 끼친다. 이 시기에 흑점 수가 감소한 것으로 보아 그만큼 지구에 도달하는 태양 에너지도 감소했다는 주장이 있다. 또 다른 원인은 그 시기에 일어난 화산 폭발이다. 이로 인해 분출한 아황산가스가 대기를 뒤덮고 태양으로부터 오는 에너지를 우주로 튕겨냈다고 주장한다. 그리고 지구 자전 가설까지 등장했다. 사실 이런 주장들은 각각 소빙하기의 원인이 되기 위해 부족한 부분을 서로 메우고 있었다.

그런데 최근 기후사학자들의 서로 제시한 의견이 근거를 가지고 점점 신뢰를 얻고 있다. 콜럼버스적 대전환이 여기에도 영향을 주었다는 것이다. 유럽인들이 신대륙에 등장한 이후 원주민의 생활상이 바뀌었다. 당시 아메리카에 분포한 가축화된 동물은 불과 6종이며 이마저도 지금의 가축과 같은 역할을 하지 못하는 작은 동물이었다. 당시 원주민은 대부분 정주민이었지만 정복자를 피해 자연스럽게 유목 생활을 시작하게 된다.

생태계가 뒤섞이기 전, 인디언들도 수백 명 단위로 넓은 개활지에 둘러싸인 촌락을 이루고 살았다. 게다가 아메리카에는 철기 문화가 없었다. 대형 가축과 철기 문화의 부재는 유럽의 농경 방식과 큰 차이를 보였다. 쟁기질을 대신할 동물과 철제 농기구가 없는 원주민의 농지 개간은 어떤 방법일까? 인디언들은 불을 이용해 농지를 개간했다. 원주민의 불은 땅을 사람이 살 수 있는 형태로 만드는 유일한 수단이었던 셈이다. 게다가 정복자를 피해 유목을 하기 시작하며 농업과 사냥을 위해 북아메리카 동부 해안을 무차별적으로 태우며 이동했다. 인간 공동체의 규모가 확장되며 더 많은 땅을 농경지로 개간한 것이다. 그런데 이런 정기적인 불놓기 활동이 순간적으로 감소하게 되는 사건이 벌어진다.

유라시아의 박테리아와 바이러스 기생충이 아메리카 대륙을 휩쓴 것이다. 인간의 생명이 하나둘 꺼져가며 인디언의 불길도 잦아들었다. 토착 인디언들의 방화는 오랜 시간 동안 막대한 이산화탄소를 대기 중으로 보냈다. 이쯤 되면 지구 온난화를 걱정해야 할 상황이다. 그런데 콜럼버스적 대전환으로 초원에 광기 어린 광합성이 시작된다. 전염병으로 인한 인디언 사회의 붕괴는 원주민들의 농경지 개간 속도를 감소시켰고, 이것은 급격한 식물의 성장을 야기했다. 한 세기가 지나자 아메리카의 적도 부근 황폐한 지대가 모두 숲으로 바뀌고 대기의 이산화탄소를 막대하게 빨아들이며 대기에 막대한 산소를 뿜어냈다.

이는 오늘날 기후 변화와는 정반대이다. 산소 농도가 증가하면 대기 중에 포함된 온실기체인 메테인이 산화된다. 메테인은 이산화탄소와 함께 온실효과를 일으키는 물질이다. 두 물질의 감소는 지구의 온도를 내린다. 점차 많은 학자들이 소빙하기의 주요 원인을 단순히 홀로세에서의 태양과 지구 자전, 혹은 화산활동의 변화로만 보지 않는다. 그러기엔 훨씬 변덕스럽고 불안정한 기후가 찾아온 것이다. 과거를 훔쳐본 사람들은 소빙기의 주요 원인을 질병에 의한 원주민의 인구 감소로 믿었으며, 이에 관해 근원적 원인 제공을 한 것이 대항해시대에 인류가 행한 거대하고 무계획적인 생태학적 실험이었다. 바로 콜럼버스가 열었던 또 다른 세상이다.

소멸은 새로운 탄생을 만든다. 백악기-팔레오기 멸종(Cretaceous-Paleogene[Kreide-Pal|ogen] Extinction Event)은 기원전 6천 6백만 년에 일어난 생물의 대멸종 사건으로, 가장 최근에 일어난 대멸종이다. 두 문자를 따 K-Pg 멸종이라고 부른다. 지질시대 사상 다섯 번째 대멸종이며, 대중적으로는 조류를 제외한 공룡 전부가 멸종한 사건으로 잘 알려져 있다. 원인에 대해서는 여러 가설이 있다. 노벨물리학상을 수상한 루이스 월터 앨버레즈와 그의 아들과 함께 1980년부터 주장한 가설이 현재 정설로 받아들여진다. 당시 소행성 충돌로 인한 대규모의 충격파와 산성비 등이 전 세계를 덮쳤고, 그중에서 특히 대량으로 발생한 먼지가 대기권 상층부에 머물며 일으킨 빙하기가 멸종의 원인이 되었다는 것이다.

물론 다른 가설들도 있다. 하지만 대부분 인류가 개입되기 전의 자연 활동이었다. 그런데 지금은 인류에 의해 '홀로세 대멸종(현세 대멸종)'이라는 6대 멸종의 타이머가 켜진 상태다. 여섯 번째 대멸종[3] 속도는 예측보다 훨씬 빠르다. 지난 20세기 100년 동안 최소 543종의 육지 척추동물이 사라졌다. 앞으로 이와 비슷한 수의 종이 사라지는 데 향후 2~30년밖에 걸리지 않는다고 예측한다. 세계자연보호연맹(IUCN)의 멸종위기종 적색목록과 국제조류보호단체 '버드라이프 인터내셔널(BirdLife International)'의 자료를 보면 인도 아대륙 고유종인 래서 플로리칸은 현재 지구에 남은 개체 수가 천 마리 미만이라고 한다. 향후 20년 내 멸종 직전에 놓인 육지 척추동물은 515종으로 나타났다. 과거 대멸종 사건에서 가장 큰 멸절은 늘 상위포식자에서 일어났다. 지금 우리는 무엇을 소멸시키고 있으며, 무엇을 탄생시키고 있는 것일까. 현재로서는 인간이 살 수 있는 또 다른 행성도 없고, 플랜 B도 없어 보인다.

---

3 소위 '여섯 번째 멸종'의 피해 정도에 대해 논란이 많지만, 현재 홀로세 멸종이라는 대량 멸절이 진행되고 있다는 것을 부인하는 과학자는 거의 없다.

잉여로 인한 부작용에 잠긴 세계

마블 스튜디오에서 제작하는 슈퍼히어로 영화와 드라마에는 이루 다 설명하기 어려울 정도로 많은 영웅이 등장한다. 각각의 에피소드가 저마다의 이야기와 단계를 소화하고 있으면서, 독특한 세계관으로 연결되어 있다. 〈엔드 게임〉에서 타노스는 손가락을 튕겨 우주에 있는 모든 생명체의 절반을 소멸시킨다. 나는 그 깊은 곳에 들어 있는 철학을 엿보게 됐다. 지금 지구에 사는 인구수의 적정함에 늘 의문이 있었기 때문이다. 현재 화두인 기후 변화와 질병, 식량, 이에 동반한 동물 윤리, 전쟁과 기아, 국가와 권력, 자본주의와 신자유주의 및 이념 등 모든 것이 사람과 관련이 있다.

지금은 부의 이동과 함께 인구가 몰려 있고 그에 따른 막대하고 무분별한 소비를 충당하기 위해 지구적 자원이 휩쓸려 다니고 있다. 잉여가 잉여를 낳고, 결핍이 결핍을 양산하는 구조다. 누구도 선뜻 나서는 사람은 없지만, 문제의 근원에는 결

3장 ✤ 파괴

국 최종 포식자인 사람이 있고 '사람이 너무 많다'라는 게 원인으로 꼽힌다. 타노스도 우리와 같은 생각을 했던 걸까?

적정 인구 수에 대한 논란은 이전에도 있었다. 농경사회를 찢고 등장한 산업사회는 더 위생적이고 나은 삶의 환경을 만들었고, 당연히 인구는 증가할 수밖에 없었다. 실제로 영국의 경제학자 토머스 맬서스는 1798년 출간한 《인구론》에서 "인구는 기하급수적으로 증가하는데 식량은 산술급수적으로 늘어나므로 인류가 공멸할 수도 있다."라며 디스토피아적 예측을 꺼냈다. 따라서 다수의 이익과 행복을 위해 적극적으로 인구 조절에 나서야 한다고 주장했다. 이 한계를 거론해 마치 무한반복의 함정에 빠진다는 의미로 트랩이라 표현한 것이다. 물론 이주장은 자연적 혹은 생물학적인 측면으로만 접근한 가정이다. 또한 기술 혁신과 제도적, 사회적 요인이라는 변수를 고려하지 않았기 때문에 오류를 품고 있었다.

'맬서스의 트랩(Malthusian Trap)'[4]이라고도 하는 그의 주장은 저소득층의 붕괴를 강제하는 해법이었다. 이 개념은 근대 국가의 인구 정책에도 영향을 끼쳤고, 우리나라 산아제한 정책에까지 스며들었다. 원인은 식량이었다. 식량은 산술급수적으

---

[4] 맬서스는 인구 증가에 이어 위기(기근, 질병, 전쟁 등)가 뒤따르고 다시 인구가 감소하는 반복 순환이 인구 증가를 통제하지 않는 한 무한정 계속될 것이라고 믿었다. 그래서 함정이라고 표현했다.

로 증가하기 때문이다. 식량의 근원은 농작물이다. 최종 포식자가 섭취하는 단백질의 근원인 동물들도 곡식, 즉 식물을 식량으로 하기 때문이다.

동식물의 생태계는 이산화탄소와 물 그리고 당과 산소를 중심으로 대순환의 고리에 있다. 그런데 사람에게 단백질과 지방이라는 영양소가 개체를 유지하는 데 필수인 것처럼 식물에는 질소가 필수적 요소이다. 식물을 키우다 보면 잎이 누렇게 변해 시들어 가는 현상을 경험했을 것이다. 이 현상은 질소 결핍에 의한 것이다.

사람도 아플 때 병원에서 링거 주사를 맞듯 화초나 나무에 영양제를 줬던 경험이 있을 터다. 식물에 영양 공급원은 비료이다. 화학사에서 맬서스의 주장이 정설로 통하던 시대에 한 인물이 등장한다. 질소 비료를 이야기할 때면 늘 등장하는 인물이 프리츠 하버다. 그가 질소 비료를 공업화한 장본인이고 그의 업적은 곧바로 식량의 대량생산과 연결된다.

프리츠 하버도 유사한 아날로지가 붙었다. 공기로 빵을 만든다는 수식어가 늘 그를 따라다닌다. 사실 프리츠 하버의 등장 배경은 앞으로 증가할 인구에 대한 예측이 식량 공급의 증가와 함께 비료의 태동을 추동했다는 것이 일반적이고 상식적이다. 물론 인구의 증가는 질병과 맞선 화학자 및 약학자들의 공헌도 있다. 하지만 이 인물의 등장과 사건은 그리 단순하게 표현되지 않는다. 마치 선과 악의 두 얼굴을 모두 가진 화학의 모습과도 같기 때문이다.

✻ ✻ ✻

19세기 말부터 20세기 초 유럽의 풍경은 그야말로 풍요로웠다. 특히 영국은 경제가 우선시되며 안정됐을뿐더러 실질적으로도 투자 자본의 최대 수출국이었다. 비록 지구 전체를 대상으로 한 경제 수탈일지라도 자본주의 안정성을 추구하려던 영국은 유럽 전체는 물론 국제적으로 긍정적 영향을 끼쳤다. 우리는 이 시기를 프랑스어로 '아름다운 시절'이라는 단어인 벨 에포크(Belle Époque)라 부른다.

19세기 보불전쟁 종전과 제1차 세계대전 발발 직전까지 전쟁 공포는 사라지고 산업혁명의 산물이 쏟아지며 예술의 새로운 양상들이 빠른 속도로 변화했던 시기이다. 예상대로 인구는 증가해 춘경지, 추경지, 휴경지로 밭을 나눠 경작하는 윤작 방법까지 동원되었지만, 상대적으로 지력은 점점 쇠했고 농경은 한계를 드러냈다.

이때 독일은 프리츠 하버에게 임무를 부여했다. 20세기 초에는 농경 확대를 위한 비료와 전쟁에 사용할 폭약의 필수 원료인 질소를 어떤 형태로든 대규모로 이용해야 했다. 이런 대규모 이용 방법을 찾아내는 숙제가 모든 과학자들에게 주어졌다. 자연산 초석은 주로 칠레의 광산에서 공급받았다. 인도 갠지스강의 진흙이나 페루의 섬에 서식하는 조류의 배설물이 굳어진 바위에서도 얻을 수 있었다. 하지만 양도 문제였고 칠레 사막에서 대량으로 채취할 수 있는 광산에 비할 바가 아니었다. 남미 페루는 유럽과는 지리적으로도 가장 먼 곳으로, 특히 제1차 세계대전의 창발자인 독일에게는 들여올 통로조차 막혀 있었다. 한편 칠레에서 들여온 인광석인 구아노도 질소 고정에 일조했지만, 구아노는 본디 화약을 만드는 질산염을 얻기 위한 군수물자였다. 어떤 방법으로든 대기의 78퍼센트를 차지하고 있는 질소를 꺼내 대지에 고정시켜 식물이 이용할 방법을 찾아야 했다. 그리고 전쟁도 치러야 했다.

늘 그렇듯 과학은 혼자서 모든 것을 이뤄낼 수 없다. 마치 눈덩이를 만들듯 지식은 전달되며 후대의 어느 운 좋은 과학자에게서 역사적 순간이 폭발한다. 유스투스 폰 리비히는 식물이 공기로부터 얻은 이산화탄소와 함께 뿌리로부터 얻은 질소 고정 화합물과 미네랄로 몸을 불린다는 것을 알아냈다. 즉, 비료를 만들 수 있는 비밀을 알게 된 것이다. 그가 식물 성장에서 질소의 중요성을 밝혔지만, 실제 대기 중 질소를 고정할 방법을 몰랐다. 1907년 하버는 공기 중의 질소를 고정하기 위해 강한 압력 아래에서 질소와 수소를 결합해 암모니아를 제조했다. 암모니아의 공업화 가능성을 확인한 것이다.

독일 화학기업 BASF사의 카를 보슈가 하버의 질소 고정법을 개선해 대량생산하는 데 성공한다. 철을 중심으로 알루미늄과 산화칼륨의 혼합물이 반응 촉매로서 가장 우수하다는 것을 발견한다. 암모니아를 대량생산하는 '하버-보슈(Haber-Bosch) 공법'이 완성됐고 인류는 천연 비료의 한계와 식량 부족에서 벗어날 수 있었다. 전 세계의 농경지에 사용되는 질소 비료의 약 40퍼센트가 하버-보슈 공법으로 만들어진다. 가축의 먹이도 곡식인 점을 감안하면 인류가 섭취하는 단백질도 질소 비료에서 나오는 셈이다. 1918년 스웨덴 왕립과학원은 그해 노벨 화학상 수상자로 하버를 선정했다. 하지만 그의 노벨상 수상은 엄청난 반발을 불러왔다. 어떤 연유일까?

유럽은 공업화가 빠르게 진전됨과 동시에 사회 구조는 매우 불균등해진다. 사회가 빠르게 변화하면 정치적 변동이 생기고 기존 이념과 충돌이 일어나기 마련이다. 이런 격변의 시기에 유럽은 경제적·문화적 풍요에 도취한 채 전쟁이라는 지옥으로 빠져들었다. 1914년 제1차 세계대전이 유럽의 한복판에서 일어났다. 화약 냄새만 피어오르던 1915년 벨기에 이프르 전선에서 프랑스군 진영으로 과일처럼 달고 매캐한 향의 노란색 안개가 접근한다. 곧이어 폐가 타들어 가는 고통으로 몸부림쳤던 프랑스 병사는 대부분 사망했다. 이날 최소 약 5천 명의 프랑스 병사들이 희생됐다. 노란색 안개는 바로 염소가스였다. 원래 염소는 소다의 제조에 르블랑법이 사용되며 산업 폐기물로 대량 방출되어 버려지던 물질이다. 전쟁이 시작되자 염소를 무기로 사용하자는 의견을 내놓은 인물이 바로 프리츠 하버이다.

유대인이었지만 독일 민족주의자였던 그는 기이한 애국심

이 발동해 자발적으로 독일 국방부 가스 무기 개발에 협조한다. 화학전의 성공은 프리츠 하버를 독일 영웅으로 만들었고, 황제 빌헬름 2세는 그를 장교로 임명했다. 하버는 더욱 효과적인 독가스를 개발한다. 포스젠과 겨자가스가 등장했다. 포스젠은 인체에 들어가 시간이 지나면 조직의 수분과 결합해 염산으로 변한다. 결국 서서히 폐 조직을 녹여 죽음에 이르게 한다. 겨자가스에 중독된 후 반나절이 지나면 노출된 부위에 물집이 생기고 피부 세포부터 괴사한다. 이후 눈이 멀고, 결국 호흡기 점막마저 벗겨져 심할 경우 사망한다.

독가스는 독일이 먼저 사용했지만 바로 상대국들도 사용했다. 독가스로 목숨을 잃은 병사만 양측 통틀어 10만 명에 이른다. 제1차 세계대전 동안 독일은 6만 8천 톤, 프랑스는 3만 6천톤, 영국은 2만 5천 톤의 독가스를 사용했다. 생존자도 있었지만, 백만 명에 가까운 이들이 전쟁이 끝난 후에도 후유증으로 끔찍한 고통 속에 살아야 했다. 하버의 노벨상 수상에 대한 반발은 당연했다. 만약 독일이 폭약의 원료인 초석을 남미 페루로부터 수입에만 의존했다면, 전쟁 발발 후 채 2년도 지나지 않아 화약류가 바닥났을 것이다. 하지만 하버의 덕택으로 2년 이상 버틸 수 있었다. 그는 분명 전범이었다. 그런데도 1918년 전쟁이 끝나고 하버는 연구의 가치를 인정받아 노벨 화학상을 받았다.

* * *

만약 프리츠 하버가 당시 암모니아의 대량 합성법을 발견하지 않았다면 세상은 어떻게 바뀌었을까? 물론 인류가 이 과제를 가만히 둘 리가 없다. 하지만 부족한 화약으로 전쟁은 조금 더 일찍 끝났을 것이고 그만큼 희생자도 줄었을 것이다. 또한 과도한 전쟁 배상금과 인플레이션은 없었을지 모른다. 전후 유럽의 회복기에서 민주주의가 약해진 틈을 타 나치가 등장하지 않았을 터이고, 또 다른 전쟁이 시작되지 않았을지 모르겠다. 물론 식량은 부족했을 것이다. 하지만 그 결핍의 시대에서 인류는 조금 더 겸허하게 살아가지 않았을까 싶다.

지금은 결핍이 결핍인 시대로, 잉여의 부작용을 해결하느라 분주한 시대이다. 우주적 질서에서 겸허를 배우지 못한 인류의 최후를 걱정하는 이들이 늘어난다. 피부로 느낄 수 있는 재해들이 증가하고 있기 때문에 이제 이 사실을 부인하는 이는 없다. 다시 질문해 본다. 타노스는 세상을 망가뜨린 빌런일까, 아니면 진정 이 세계를 구하려던 철학자였을까.

오징어 게임에 참여한 고무

집이 낡아 수리할 게 많다. 이번에는 수도꼭지가 말썽이었다. 세탁기에 연결된 수도꼭지에서 물이 새어 나왔다. 예전에는 동네마다 흔했던 철물점도 요즘은 찾기 쉽지 않다. 인터넷에서 주문한 고무 패킹(O링) 배송은 며칠이 걸릴 터였다. 쌓여 있는 빨랫감을 보니 심란해졌다. 작고 보잘것없는 고무 조각 하나가 일상을 흔들어 놨다. 만일 천연 고무가 없다면 세상은 어떻게 될까? 어떤 사람은 고무가 무슨 대수겠냐고 하겠지만, 고무가 없어지면 상상할 수 없는 재앙을 맞을 것이다. 당장 전기 문명에도 영향을 미친다. 그러면 이렇게 물을 수도 있다. 합성 고무가 있는데, 무슨 걱정이 있겠느냐고 말이다. 합성 고무는 제1차 세계대전 당시에 등장했다. 하지만 아시아 지역의 고무 수출을 위축시키지는 못했다. 천연 고무가 지닌 마모성과 진동의 흡수는 합성 고무가 도저히 넘기 어려운 장벽이다.

인류는 물질로부터 가늠조차 할 수 없을 만큼 많은 축복을

3장 ✤ 파괴

받았다. 인류가 물질을 얻는 과정에서 무지로 인한 억울한 희생도 많았으며, 물질이 주는 잉여에 취해 인류의 악한 품성을 드러낸 경우도 있었다. 다만 축복이 더 크기에 인류의 어리석음과 과오는 세상에 잘 드러나지 않는다. 고무도 인류의 어리석음을 드러내는 대상 가운데 하나다.

돈 냄새를 기막히게 찾는 이들에게 고무는 말 그대로 황금알을 낳는 거위처럼 보였다. 15세기부터 그들의 정복지인 남아메리카를 휘저어 놓는다. 고무는 온도에 따라 극심한 성질을 지니기 때문에 당시 인류가 가진 지식으로 다루기 어려운 물질이었다. 그래서 15세기 인류가 발견한 신소재는 적당한 활용처를 찾지 못하고 점차 시들어 갔다. 고무 거품이 꺼지던 시절 1833년, 어느 파산한 실업가가 고무에 흥미를 보이기 시작했다. 그는 고무에 대한 이야기에 빠지지 않고 등장하는 찰스 굿이어[5]라는 인물이다. 그는 미국의 독학 화학자이자 발명가이다. 독학이라는 단어가 붙은 것은 그가 화학에 대한 정식 교육을 받지 않은 사람이기 때문이다.

그에게 세렌디피티가 찾아왔다. 사실 우연은 아니다. 그의 고무에 대한 병적인 집착 끝에 유황에 담근 고무가 온도와 상

---

5 고무 경화를 알아낸 굿이어는 파산했으며 결국 빚구덩이에서 생을 마감했지만, 그의 이름은 한 타이어 회사명에 남아 있다.

관없이 신축성을 띤 고체 상태로 유지되는 법을 알게 된 것이다. 후에 비슷한 연구를 한 핸콕이 이 과정을 로마 신화에 나오는 불의 신 이름을 따서 '경화(Vulcanization)'라고 이름 붙였다. 황이 고무를 경화하는 이유는 굿이어나 핸콕 둘 다 전혀 몰랐다. 마찬가지로 천연 고무의 특별한 성질이 왜 그러했는지도 몰랐다.

원인은 몰라도 성질을 알고 있으면 공학이나 사업은 일어날 수 있다. 깔끔하게 정리된 주기율표에 고무를 넣을 자리도 없었다. 화학자들은 명쾌하게 오답을 내렸다. 고무가 콜로이드(교질)라는 것이었다. 콜로이드는 촘촘하게 무리 지은 입자가 산재해 있는 상태를 말한다. 대표적으로 엿이나 죽 같은 물질이며, 버터나 지방 모두 콜로이드이다. 결국 고무의 정체를 알게 된 건 독일인이었다.

스위스 취리히연방 공과대학의 헤르만 슈타우딩거는 고무가 긴 체인 형태의 분자로 되어 있는 탄성중합체임을 입증해냈다. '길이'에 대한 적당한 비유가 어렵다. 글로 표현한다는 것은 불확실성을 높이겠지만, 코플린은 '100m쯤 되는 스파게티 한 가닥이 접시에 담긴 모습'으로 비유했다. 부연하자면 이런 스파게티 가닥이 수천만 명에게 공급할 수 있는 양으로 존재한다면 불확실성을 떨어뜨릴 수도 있겠다. '체인' 역시 정확한 표현이다. 모든 고무의 분자는 수천, 수만의 동일한 단량체가 반복적인 연결로 이루어져 있다. 그 단위 하나는 5개의 탄소원자와 8개의 수소원자로 이루어진다. 이 단량체 분자가 이소프렌(Isoprene)이다.

20세기 초 2번의 커다란 전쟁으로 유럽을 비롯한 여러 곳이 황폐화되었고, 세계는 공황에 빠진다. 당시 러시아에서 사회주의혁명이 일어났다. 이 혁명의 장본인이 '볼셰비키 유대인'이었고 히틀러는 이를 우려해 우생학을 꺼낸다. 아리아인들에게서 열등한 유전자를 제거한다는 명목하에 유대인에 대한 차별을 합법화한 뉘른베르크 법을 만든 것이다. 이후 1938년 '수정의 밤' 사건을 계기로 1939년에 폴란드를 침공한다.

독일이 벌인 두 번째 전쟁에는 파괴 위에 인류 역사상 가장 치욕스러운 참상을 얹는다. 독일은 '최종적인 해결'을 위해 폴란드에 집단 학살 수용소, 즉 유대인 멸절 수용소를 건설한다. 작전명은 라인하르트였다. 헤움노(Chelmno)를 시작으로 베우제츠(Belzec), 소비버(Sobibor), 그리고 트레블링카(Treblinka) 같은 크고 작은 집단 학살 수용소를 차례로 열었다.

제노사이드(Genocide)라는 지옥에도 고무가 중심에 존재했다. 당시 독일에는 합성 고무 공장이 3개나 있었지만, 두 번째 전쟁의 시작과 동시에 독일은 1941년 아우슈비츠 비르케나우(Auschwitz Birkenau)에 동유럽 최대 규모로 네 번째 화학공장을 건설한다. 합성고무 중 하나인 부나를 생산하기 위한 공장이다. 그곳에는 공장 노동력을 공급할 수 있는 대규모 수용소가 있었다. 노동이 목적이 아닌 수용소가 많았다. 그곳은 살육과 멸절의 장소였다.

이에 반해 아우슈비츠는 값싼 유대인 노예 노동력을 부리려는 목적이었다. 노동 조건은 열악했고 생산성이 떨어진 쇠약한 수용자들은 끊임없이 교체됐다. 소위 '단물을 모두 빼 먹힌' 수감자들이 마지막으로 향하는 장소가 가스실이었다. 전쟁 동안 살육된 유대인 270만 명 중 약 110만 명이 아우슈비츠에서 산화했다. 섬멸의 이면에는 당시 유럽 최대의 화학 공장 가동이란 목적이 있었다.

부나는 원료 부타디엔과 촉매인 나트륨을 합성한 축약 용어다. 석회와 석탄을 가열해 생성되는 탄화칼슘(칼슘카바이드)을 물과 섞으면 아세틸렌가스가 생성된다. 거기서 다시금 탄성 고무의 원료 부타디엔이 만들어진다. 부타디엔에 압력이 가해지면 사슬이 연결되며 고무가 만들어진다. 독일은 왜 이렇게 합성 고무에 집착했었던 걸까.

이유를 알기 위해서는 시계를 반세기 정도 앞으로 돌려야 한다. 사실 유럽의 고무 발견은 약 4세기 전인 콜럼버스 대항해 시대로 거슬러 올라간다. 1419년 스페인이 식민지 마야 인디언들의 놀이에서 튀어 오르는 고무공을 본 것이 시작이다. 당시 유럽에 '바운싱(Bouncing)'이란 단어가 없었으니 돈을 벌 수 있는 고무에 열광한 건 당연했을 것이다. 하지만 고무는 상상의 영역에 있던 소재였다.

산업혁명에서 고무는 없어서는 안 될 물질이었다. 산업을 이끈 열기관을 중심으로 시작된 모든 기계적 운동에는 금속과 화석연료만 주인공일 것 같지만, 없어서는 안 될 주연급 조연이 바로 고무였다. 고무가 없다면 비행기는 물론 대부분 운송수단은 제대로 움직일 수 없다. 금속으로 이뤄진 기계는 물론 대부분 산업 제품은 충격과 진동을 견디지 못하고 파괴된다. 당시 제국 열강들은 고무의 중요성을 잘 알고 있었기에 사람과 동물의 노동력이 기계로 바뀌며 그 관절을 연결할 고무에 다시 목을 맨 것이다. 당시 고무를 얻는 방법은 고무나무에 상처를 내고 속살에서 송송 솟아 나온 우윳빛 점액질 수액인 라텍스(Latex)를 모으는 방법이 유일했다. 이 천연 고무 유액을 틀에 넣고 마치 떡을 쪄내듯 수분을 날려 물건을 만들어낸 것이다.

고무나무의 학명은 히비어 브라질리엔시스(Hevea Brasiliensis)이다. 이름에서 알 수 있듯이 아마존 지역에서 자라고 있었던 식물이다. 이 장소에서 유럽과 미국은 자국 경제의 흥망이 걸린 원자재를 확보하기 위해 보이지 않는 전쟁을 벌이고 있었다. 소위 '아마존 쟁탈전'이었다. 당시 남아메리카 일부를 식민지로 삼고 있던 영국과 프랑스, 그리고 벨기에가 밀림으로 다시 들어온다. 원래 대지의 주인인 브라질도 이 쟁탈전에 합류했다. 원료 공급은 쉽지 않았고 결국 19세기 후반 영국은 브라질에서 고무나무 씨앗을 밀수해 영국 왕립식물원에 심게 된다. 여기서 성공적으로 자란 묘목들을 그들의 식민지인 동남아시아로 보낸 것이다. 우리가 고무나무의 고향을 동남아 국가들로 알고 있었던 것에 이런 이유가 있었다.

그런데 고무 쟁탈전에서 독일이 보이지 않는다. 내연기관을 최초로 발명한 독일은 자동차 산업에서 타이어와 패킹 제조에 고무가 필요했고, 전기를 이용하는 부분은 물론 의료와 화학 등 수많은 산업 분야에 고무가 사용된다는 걸 잘 알고 있었다. 독일의 지리적 기후 조건은 고무나무 재배에 맞지 않았고, 다른 유럽 국가들처럼 독일은 식민지 확보하지 못했기에 열대 식민지를 활용할 수도 없던 상황이었다. 결국, 독일 정부는 화학자들을 대거 동원해 자체적으로 고무를 얻을 방법을 찾았던 것이다. 정치·지리적 환경이 합성 고무 제조를 독일 화학 산업에서 먼저 시작하게 된 계기가 됐다.

1906년 10월 18일 바이엘 중역 회의에서 1909년 11월까지 '완벽한 고무 대체물 제조'에 성공한 화학자에게 2만 마르크의 현상금을 걸었다. 화학자 프리츠 호프만은 바이엘사 실험실에서 1909년 탄화수소인 이소프렌을 가공해 고무와 같은 물질을 만들어내는 데 성공했다. 당시 세계 최대의 화학 기업 IG파르벤은 합성 고무 공장 3개를 세웠다. 그리고 1939년 제2차 세계대전이 시작되자 수요가 더 필요해진 네 번째 공장을 오버슐레지엔 지역 아우슈비츠에 건설했다.

프리츠 하버, 그는 분명 공기를 자원으로 인류를 위해 공헌한 과학자이다. 하지만 그의 이해할 수 없는 애국심은 수많은 희생자를 낳았다. 하버 덕분에 인류는 천국과 지옥을 동시에 경험하게 됐다. 부인인 클라라 하버 역시 유능한 화학자였다. 하버의 과학적 산물로 프랑스군의 막대한 희생을 확인한 해인 1915년, 그녀는 남편의 반인륜적 행동을 견디지 못하고 자살로 생을 마감한다. 그럼에도 불구하고 그는 개발을 멈추지 않았다.

하버는 1920년대에 악명 높은 시안화물을 바탕으로 한 살충제를 개발했다. 일명 청산(靑酸)으로 부르는 시안화수소가스를 만드는 화학물질을 개발하고 그 제품명을 치클론 B⁶라고 불렀다. 이 물질은 2차 세계대전에서 또 독일에 의해 사용되며 홀로코스트의 상징이 됐다. 유대인을 대량 학살한 물질이다. 다른 독가스도 사용됐지만, 아우슈비츠에서 유독 이 물질을 사용했다. 치클론 B의 영향은 계속 남아있기 때문에 죽은 시체를 처리하기 위해 대규모의 소각로 또는 매몰지가 필요하였으므로 규모가 있는 수용소에서 사용된 것이다.

20세기 초 전쟁이 가져온 화학 연구의 기세는 1918년에도 멈추지 않았고 1945년에도 계속되었다. 화학전을 실행하는 것을 포함한 이런 모든 사례들은 조직화된 과학과 정비된 혁신의 표출이었다. 화학전에 사용된 약품에 대한 독일의 연구가 전시가 아닌 평시에, 그것도 살충제 생산공정에서 추진되었다는 것

---

6 치클론 B는 시안화물 분자가 철(Fe)에 6개 배위결합하며 3가로 존재한다. 독일에서 만들어진 시안화계 화합물로서, 원래 살충제로 쓰였으나 나중에 독가스로 사용되게 된 물질이다.

은 아이러니하다. 1934년에 하버가 사망했으니, 이 물질이 자신의 민족을 죽음으로 몰고가는 데 사용될지 몰랐을 것이라 믿고 싶다.

지금의 플라스틱 제조법은 이때의 고무 제조공정을 토대로 응용해서 개발한 것이다. 어찌 보면 독일의 합성 고무 연구가 이 세상을 완전히 바꿨다고 해야 한다. 변형물인 부나-S는 스티렌(부풀게 만든 것이 스티로폼이다)이 혼합된 공중합체(Copolymer)다. 부나-S는 자동차 타이어에 적합해서 여전히 전 세계에서 매우 중요하게 쓰이는 합성 고무다. 부나-S에 이어 개발된 부나-N 역시 내마모성이 뛰어난 데다, 유기용매에도 강해 의료제품에 사용된다. 합성 고무 부나는 현대의 플라스틱 세상을 여는 시발점이었다. 오늘날 널리 알려진 폴리비닐클로라이드 또는 폴리에틸렌 소재도 부나를 개발하는 과정에서 발견된 물질이다. 플라스틱을 만드는 화학반응 역시 그 당시에 대부분 발명된다. 고무가 추동력이 되어 석유화학 공업과 함께 지구에 갇혀 있던 탄소를 꺼내 세상을 플라스틱물질로 채웠다. 지금 인류 문명이 천국이라면, 누군가에게 그 시작점은 지옥이었다.

합성 고무의 등장에도 여전히 천연 고무는 자연의 혈관에서 뽑아내고 있다. 합성 고무는 자연의 능력을 따라잡을 수 없는 불완전한 대체제일 뿐이다. 여전히 우리 문명은 천연 고무만이 지닌 특성에 의존할 수밖에 없다. 지금 고무의 주 생산지가 아마존이 아닌 동남아시아로 이동한 이유가 있다. 질병이 아마존의 고무나무를 초토화한 것이다. 현재 동남아시아에서 볼 수 있는 고무나무는 고수확 품종에 접붙인 것들이다. 일종의 아마존 고무나무의 클론인 셈이다.

질이 좋지 않은 것은 도태되는 생존 게임을 여기에도 적용했고, 단일 종에 가까운 고무나무는 잎마름병 바이러스에 취약한 품종만 살아남은 것이다. 교통의 발달로 지리적 공간을 과거의 판게아로 봉합한 지금, 언젠가 잎마름병도 지리적 경계를 넘어올 것이다. 이런 일이 현실화하면 인류 문명에는 지금껏 경험하지 못한 재앙일 것이고, 회복하기까지 감당하기 힘들 정도로 시간이 걸릴지도 모른다.

* * *

우리는 최근 팬데믹과 기후 변화를 이야기하며 '지속 가능한'이란 문구를 너무 쉽게 사용한다. 몇 가지 대표 원인만 제거하면 지속 가능한 미래가 실현 가능할 것처럼 말한다. 하지만 지금의 '이기적 문명'에 자연의 풍경을 회복시키는 건 말처럼 쉬운 일이 아니다. 지금의 환경이 나빠지게 된 지점까지는 수많은 요소와 원인으로 채워져 있으며, 물질은 촘촘하게 입체적으로 얽혀 있다. 우리는 '지속 가능'이란 문구에 함의된 '성장과 생산성'에 포획되어 그 결과가 우리 눈앞에 올 때까지의 험난한 여정과 파괴와 희생을 무시하거나 잊고 있는 경우가 많다. 그리고 보이지 않는 곳에서 여전히 자연을 인류사회의 생존에 투입하고 있다. 우리는 왜 성장만 하려 드는 걸까. 잠시 멈추고 쉬면 안 되는 걸까. 이유도 모르고 또 다른 바벨탑을 세우는 일에 돌을 나르고 있는 것은 아닌가 싶다.

3장 ✚ 파괴

혁명은 개혁보다 강하다

과학에서는 늘 논쟁이 있을 수밖에 없다. 과학이라는 학문 자체가 알지 못하는 현상이나 사실의 원인을 밝히고 증명하는 학문이기 때문이다. 미지와 상상의 영역에 놓인 인류에게 논쟁은 지나칠 수 없는 과정과 같다. 과학뿐만 아니라모든 학문에서 논쟁이 벌어졌고, 어떤 것은 지금까지도 이어지고 있다. 대표적인 사례가 진화론과 창조론이다. 찰스 다윈의 《종의 기원》이 출간되고 얼마 지나지 않아 멘델의 유전 연구에 대한 논문이 나왔으나, 19세기 말부터 20세기 초에 다윈과 멘델의 이론은 반대 이론들에 심각한 위협을 받았다. 믿기 어렵지만, 미국 남부의 아칸소주는 1968년까지 진화론을 가르치는 것을 금지하는 법이 존재했다. 그리고 1981년 루이지애나주에서는 진화론과 함께 창조론 역시 하나의 과학으로 가르치라는 법을 통과시키려는 시도가 있었다.

창조론자들은 법정과 교육에서는 패하고 있는 것처럼 보이나 다른 전쟁터에서는 여전한 힘을 과시한다. 지금도 공식적인 창조론과 진화론의 토론은 충돌로 번지며, 합의는 번번이 실패한다. 주류 과학의 입장에서 볼 때 창조론이 어리석게 보일지 모르지만, 나름의 매력과 설득력이 있다. 물론 점점 인류 앞에 나타나는 증거는 창조론을 무력화하고 있다. 과학자들도 창조론을 지지하는 이들을 실망시키거나 불쾌하게 만들 의도가 있는 것은 아니다. 과학은 그저 진실을 알고 설명할 뿐이다.

'창조론'은 '창조과학'으로, 그리고 다시 이름을 '지적 설계론(ID, Intelligent Design Theory)'으로 바꾸어 과학의 영역으로 들어 왔다. 가령 생물계의 계들은 무척 복잡하며, 다른 계들과 상호 보완 및 의존적이다. 그런데 단지 자연 변화와 선택만으로 이토록 정교하게 조화를 이루는 전체 자연의 성립을 믿기가 어렵다. 결국 누군가의 '이성적인 설계'가 있어야 한다는 것이다.

마치 종말 이후, 이전 문명을 전혀 모르는 새로운 인류의 후손이 어느 날 땅에서 휴대폰을 찾은 경우에 비유할 수 있다. 지금의 우리는 그 휴대폰이 저절로 만들어졌다고 동의할 수 없을 것이다. 하지만 그 후손은 그 복잡한 기기가 누군가의 설계에서 비롯됐음을 주장할 수 있다. 처음부터 누군가에 의해 설계되고 조립돼 탄생했고, 그 상태를 지속해 왔다는 것이다. 물론 ID 옹호자들은 그 설계자의 신분을 밝히지 않는다. 당시 종교는 권위이자 권력이었다. 창조론자의 접근 방법이 훨씬 간단해서 전문 지식이 없는 대중을 쉽게 설득할 수 있었다. 그리고 진화론을 받아들이는 것은 곧 예수를 부정하는 것 그 이상으로, 창세기와 인간에 대한 전체 지식을 부정하는 것이므로 그 자체가 권력에 대한 저항이었다. 게다가 진화론이 성립되기 위한 시간이 충분했어야 했는데, 당시 추정한 시간으로는 설명이 부족했다.

결국 여기에는 '지구의 나이'가 결정적 조건이었는데, 이에 관한 문제에서도 논쟁이 일어나며 권위는 과학자들을 수십 년간 묶어버리게 된다. 물론 진화론의 확장에서 진화의 의미가 또 다른 권력에 이용되기도 했다. 선택이라는 것은 약육강식의 형식을 띠고 있기 때문에, 제국주의 정복과 우생학의 근거 논리로 이용되어 결국 인류는 20세기 초에 어처구니없는 전쟁을 벌이고 만다. 지금 현대의 모든 문제점(기후 변화 등)은 과학으로 설명되고 해결해야 하는 상황이다. 전 세계적으로도 종교는 무너지고 있고 과학이 담론이 돼간다. 안타깝게도 '진실'을 찾는 것이 과학이지만, 진실만으로 세상을 개혁하는 일은 그리 쉽지 않다. 진화론이나 기후 변화가 코페르니쿠스의 혁명만큼 충격적이지 않은 걸까, 혹은 과학적 발견의 충격에 둔해진 걸까.

개혁할 수 있는 위치에 있으면서도 개혁이 쉽지 않았던 사례는 화학사에서도 있었다. 17세기 말경 연소(Combustion)는 지금은 사라진 개념인 '플로지스톤(Phlogiston) 이론'의 관점에서 해석됐다. 이 이론은 게오르크 슈탈이라는 독일 화학자의 연구로부터 출발해 프랑스와 영국의 자연철학자들에게 소개됐다.

이들은 물이 유일한 원소가 아니며, 광물 또한 세 종류의 흙에서 생성된다고 주장했다. 이 흙 중 하나는 기름기와 황 성분이 많았는데, 이 물질을 플로지스톤이라고 부른 것이다. 이 물질이 연소와 가연성의 원인이라고 설명했다. 물질이 연소하는 원인과 연소 후 남아있는 재의 상태를 보면 무엇인가 빠져나간 것처럼 보이니 이런 상상이나 가정은 무리가 아니다.

1781년 라부아지에는 플로지스톤이 빠져나오게 하는 기체를 산소라고 불렀다. 연소는 플로지스톤이 분리되는 것이 아니라 물질이 산소와 결합하는 현상이라고 설명한 것이다. 2년 후 그는 물이 산소와 수소가 결합한 화합물이라고 주장한다. 라부아지에는 모든 화학적 현상을 플로지스톤의 도움 없이도 설명해 사전에서 '플로지스톤'이라는 용어를 제거함으로써 화학의 변혁을 일으킬 수 있는 지위에 섰다.

라부아지에는 화학에서만큼은 용어란 분명하고 뚜렷한 개념으로 표현해야 한다고 믿었다. 1787년, 그를 따르던 젊은 세대 조수들과 협업하며 300여 쪽에 달하는 명명법 개혁에 관한 안내서를 출판했다. 안내서의 3분의 1은 과거 용어를 새로운 용어로 바꾼 용어 사전으로 구성되어 있었다. 가령 '황산의 기름'은 황산이 되었고, '아연의 꽃'은 산화아연으로 변경했다. 그렇다고 라부아지에의 화학 개혁이 순탄했던 것만은 아니다. 플로지스톤 추종자들과 끊임없는 충돌이 있었다. 새로운 용어 역시 플로지스톤 화학을 부정하는 수단이었기 때문에, 명명법 역시 많은 반발을 불러일으켰다. 그런데도 이 안내서는 빠르게 번역되고 확산되어 현재 화학의 국제적 용어가 되었다. 연소와 산도, 호흡 그리고 기타 화학 현상을 이해하는 그의 방식으로 반대자들의 생각을 점차 바꿔가며 자신의 편으로 끌어들였다.

18세기 유럽 사회에 가장 큰 영향은 계몽주의 운동이다. 과학과 철학을 포함한 정치 및 사회 전 분야에 지적 진보 운동이 일어났다. 추상적인 형이상학보다 상식과 경험을 중시했고, 절대왕정과 권위로 드리워진 어둠을 걷어내고 개인의 자유와 이성을 중시했다. 결국 계몽주의는 물질만이 유일한 실체라고 보는 유물론을 탄생시킨다. 유물론의 가장 큰 특징이 신의 존재를 부정하는 무신론이었고, 또 다른 특징은 과학주의였다. 물질은 자연과학으로 설명되며 그 보편성을 인정했다. 라부아지에의 화학이 있었기에 화학의 개혁을 성공시킬 수 있었다. 1790년대에 중반에 이르러 플로지스톤 반대파가 거의 승리를 거뒀기 때문이다.

거의라고 표현한 이유는 프리스틀리와 같은 몇몇 저명한 화학자들이 플로지스톤 이론을 계속 믿었기 때문이다. 계몽주의는 1789년 프랑스혁명에 영향을 준다. 프랑스혁명은 앞선 미국의 독립 선언으로 자유라는 의식이 고무된 상태에서 프랑스의 낡은 절대왕정 체제에 대한 불만이 흉작이 도화선이 되며 폭발한 것이다. 혁명으로 수립된 공화국은 10년 만에 막을 내리고 정권이 다시 교체되며 미완성으로 끝났지만, 이 사건은 세계 여러 나라의 민주주의 발전에 영향을 끼쳤다.

라부아지에는 부유한 환경에서 태어났다. 1743년 파리에서 변호사의 아들로 태어났고 별 어려움 없이 하고 싶은 학문을 대부분 섭렵했다. 화학은 물론 법률, 철학, 수학, 심지어 물리학 분야인 광학까지 확장했다. 20살이 갓 넘었던 1766년에 할머니의 막대한 유산을 물려받으며 부자가 됐으며, 이 유산을 근거로 세금징수조합을 운영했다. 정부에 세금을 유산으로 선납하고 시민들에게 세금을 걷어 주주에게 이익을 남겼다. 대부분 주주는 귀족이었고, 그들은 세금을 내지 않아도 됐다.

물론 그의 화학 개혁을 위한 연구 활동 자금은 시민의 희생을 바탕으로 하지 않았지만, 그도 권위와 권력을 가진 인물이었다. 프랑스혁명으로 라부아지에의 활동이 제한되긴 했지만, 연구는 계속됐다. 그는 1790년 5월 프랑스 과학 아카데미에서 진행한 도량형 통일안 제작에도 참여했다. 하지만 혁명의 가속화는 새로운 개혁에 라부아지에의 통찰력을 적용할 가능성마저 끝장냈다.

프랑스 국민공회는 세금징수조합의 청산을 요구했고 가담자를 체포했다. 혁명법원은 그들에게 유죄를 선고했고 판결 당일인 1794년 5월 8일 단두대에 올랐다. 그의 처형을 막으려 많은 과학자들이 탄원서를 내며 저항하기도 했지만, 혁명의 물살은 막을 수 없었다. 프랑스혁명의 단두대에는 재물과 권력을 가진 사람의 목이 더 많이 지나갔다. 수학자 조제프 루이 라그

랑주는 이렇게 말하기도 했다. "한 사람의 머리를 베는 것은 순간이지만, 프랑스에서 같은 두뇌를 만들려면 한 세기 이상 걸릴 것이다." 권위와 권력은 올바른 사람으로부터 올바르게 행해졌을 때만 그 막강한 힘이 발휘된다.

과학, 무엇이 옳은 것인가

코로나가 시작된 시기에 개봉한 영화, 〈두 교황〉이 떠오른다. 영화는 실존 인물인 베네딕토 16세 전 교황과 프란치스코 교황의 논쟁을 그린 작품이다. 영화는 처음부터 가톨릭교회의 여러 문제점을 지닌 정통교조주의를 계승하려는 자와 마치 신자유주의 가치관을 지닌 것 같은 도전자와의 대결 구도로 시작한다. 영화 내내 엄밀하고 긴장된 논쟁이 벌어지지만, 프란치스코 교황은 상대의 마음에 귀를 열고 가슴으로 이해하며, 가톨릭교회의 부정을 인정하고 베네딕토 16세의 반성을 끌어낸다.

나는 이 영화에서 많은 위안을 받았다. 서로의 허물을 인정하고 올바른 선택과 변화를 위해 주장을 수렴하는 모습이 현재를 살아가는 우리에게 메시지를 던진다고 생각했다. 특히 이 영화의 주인공인 프란치스코 교황은 빅뱅이나 진화론과 같은 과학적 사실을 인정하며 정통 가톨릭의 두텁고 낡은 옷마저 벗어 버렸다. 그렇다고 그 권위가 무너진 건 아니다. 여전히 교황은 건재하고, 존경이 더해져 이전보다 더 강한 듯 보인다. 권위와 명예는 스스로 구축하고 지키는 것이 아니라 주변에서 만들고 인정하는 것임을 잘 보여 준다.

지금은 지구의 나이가 45억 년이라는 사실이 새삼스럽지 않다. 지구의 나이는 물론 인류가 알아낸 우주의 나이가 138억 년이라는 사실도 여러 과학적 증거가 설명하고 있다. 하지만 과거에는 지구의 나이가 뜨거운 논쟁의 중심에 있었고, 권위를 가진 이의 오류로 세상이 멈춘 결과를 낳았다. 종교 때문에 소멸했던 과학과 철학이 15세기 르네상스의 시작으로 부활하지만, 아무리 새롭고 뛰어난 지식과 사상이라도 갑자기 인류 앞에 등장해 시대를 지배하거나 변화하지 않는다.

개혁은 혁명보다 어렵다. 특히 과학은 기존의 설명을 의심하고 이를 다시 증명하는 학문이지만, 새로운 지식도 낡은 믿음에 함께 얽혀있는 경우가 대부분이다. 그래서 낡은 것과 새것의 마찰이 생긴다. 어쩌면 과학자들 간에 대립과 논쟁은 어쩌면 당연한 일인지도 모른다. 그런데 그 논쟁의 중심에 교황처럼 권위가 있는 인물이 있는 경우에는 논쟁에 막대한 영향을 끼치게 된다. 이미 출발선이 다른 공정의 이슈가 생기는 것이다. 가령 교황 무오류설을 지켜온 가톨릭이 십자군전쟁과 유대인 핍박의 방조를 시인한 반성은 무려 2천 년이 지나서야 실현됐다. 마찬가지로 근대 과학계에서도 큰 산과 같은 인물의 그릇된 가치관이 지구의 나이를 결정하는 논쟁에서 잘못된 영향을 끼쳤다. 지구의 나이가 대수겠냐고 할 수도 있지만, 당시 창조론을 뒤흔들 조짐을 보였던 진화론에서는 큰 저항이 됐다. 인류의 과거를 다룬 교과서를 전부 다시 써야 하는 일이었다.

우리는 섭씨(℃)나 화씨(℉) 온도에 익숙하다. 그런데 과학에서 사용하는 온도의 단위는 절대온도인 켈빈(K)이다. 지구를 떠나 10년을 훨씬 넘게 암흑공간을 날아가는 중인 뉴허라이즌스호가 지구로 보내온 왜행성의 사진을 기억할 것이다. 바로 태양계 행성에서 제외된 명왕성이다. 그 차가운 우주의 행성 온도는 33K(켈빈)이다. 그리고 우주에서 가장 춥다는 부메랑 성운은 1K이다. 영하도 아닌데 왜 추울까? 흥미로운 것은 전 우주를 통틀어 0K(온도) 이하, 그러니까 음의 켈빈온도가 없다. 그래서 켈빈온도를 '절대온도'라고 부른다.

그렇다면 절대온도 0K는 섭씨로 어느 정도냐는 질문이 생긴다. 0K를 섭씨로 변환하면 -273.15도이다. 그보다 더 높은 온도는 있어도 섭씨온도로 -273.15도 이하는 없다. 이 사실을 받아들이기는 다소 불편하지만 자연의 섭리다. 우주에서 아무리 빨라야 빛의 속도인 초당 30만 km 이상의 속도를 가진 어떤 것도 존재하지 않는 것처럼 말이다. 이 단위는 영국 과학자인 윌리엄 켈빈 경이 절대온도 체계를 정립한 공로를 기려 붙여진 이름이다.

켈빈 경은 온도뿐만 아니라 여러 분야의 발전에 크게 기여한 과학자이기도 하다. 10살에 대학에 입학해 전 과목 수석을 차지한 천재였으며, 많은 특허와 논문을 발표했다. 그는 이론 연구에만 그치지 않았고 많은 측정 도구 제작과 도량형 정립에도 기여한다. 지금의 길이 단위인 미터법도 그의 손길이 닿아 있다. 아인슈타인의 상대성 이론은 전자기 방정식을 완성한 맥스웰이 없었으면 불가능했다. 위대한 발견은 한 사람만의 업적으로 이뤄지지 않는다. 그런 맥스웰에게 전자기 방정식의 시초인 패러데이의 이론을 소개한 사람이 바로 켈빈 경이다. 지금 우리가 누리는 첨단 정보통신의 기술에도 켈빈의 몫이 있는 셈이다.

실제로 그는 대서양을 잇는 통신망인 해저케이블 설치에도 관여한다. 이쯤 되면 켈빈이 손을 대지 않은 분야가 없다고 할 수 있다. 켈빈 경이란 이름은 영국이 그의 공로를 인정하여 내린 귀족 호칭이다. 작위를 내릴 당시 스코틀랜드 글래스고대학 캠퍼스 앞에 흐르던 강 이름이 켈빈이다. 낭만적인 켈빈 경의 원래 이름은 윌리엄 톰슨이다. 그는 영국왕립학회장의 자리에까지 오르며 당시 과학계에서 최고의 권위적 인물이 된다.

그런데 지구의 나이를 두고 벌인 논쟁에서는 그는 전혀 다른 인물이 된다. 당시는 성경에 적힌 기록을 토대로 지구의 나이를 약 6천 년이라 했고, 이를 반론하기 쉽지 않은 시절이었다. 과학계조차 지구의 지형을 만든 주요 원인이 노아의 홍수라고 인정했을 정도다. 그런데 과학자들은 새로운 관찰과 이론으로 지구의 나이를 의심하기 시작했다. 새로 등장한 이론은 최초의 지구가 태양만큼 뜨거웠고 점차 식으며 지금의 모습이 되었다는 것이다. 지구의 냉각 속도를 계산하며 지구의 나이는 늘어났다. '뷔퐁의 바늘'로 더 유명한 조르주 루이 르클레르 (Georges-Louis Leclerc, 뷔퐁 백작)가 계산한 지구의 나이는 7만 5천 년으로 늘었고 프랑스의 베누아 드 마이예는 해수면 하강을 관찰하며 20억 년이라는 파격적 견해를 제시하기도 했다. 오차가 큰 만큼 설득력은 없었다.

홍수에 의한 격변설은 현재 일어나는 현상으로 과거를 설명한다는 '동일과정설'이 등장해 기반을 잃었지만, 여전히 신은 과학적 사실에 개입하고 있었다. 라플라스는 태양계를 수학적 배열로 보았지만, 이것 역시 신에 의한 설계였다. 왕립협회장인 톰슨도 신에게서 벗어나 있지 않았다. 톰슨은 학생 때부터 열역학에 깊은 관심을 보였다. '에너지'란 용어는 톰슨이 처음 사용됐고, 열역학이란 학문을 개척한 인물도 그이다. 그의 지구 나이 계산 논리는 지구가 원래 태양의 일부였고, 떨어져 나간 이후 일정한 속도로 냉각했다는 것이었다. 지각으로 깊이 내려 갈수록 온도가 높아진다는 사실을 증거로 원래의 열원이 내부에 남아 있다는 것을 꺼냈다. 열역학 법칙을 근거로 그의 방식으로 계산한 지구의 나이는 2천만 년에서 4억 년이었다. 어림 셈이나 마찬가지였다.

그런데 이 주장은 지질학자와 다윈의 진화론이 추정하는 것과 대치되었다. 다윈의 이론으로 보면 지금의 험난한 지형을

3장 ✛ 파괴

가진 지구의 표면이 생성되고, 무작위적인 돌연변이와 비무작위적인 자연 선택으로 종들이 변화하고 진화하기 위해서는 훨씬 더 긴 시간이 필요했다. 톰슨은 다윈의 생물학적 증거를 뒤죽박죽이라며 일축했다. 자신만의 견해를 주장하고, 그에 맞지 않은 의견을 짓밟았다.

톰슨의 생명 기원 주장에도 신은 등장한다. 세균이 붙은 운석을 신이 던져 우연히 시작했다는 거다. 막강한 권위로 무장한 그의 의견은 이런 논쟁과 과학 발전에 막대한 부정적 영향을 끼치게 된다. 심지어 지구상 생명의 기원까지 들어가 논쟁하게 된다. 반대 측의 좌절은 컸으나 워낙 권위를 가진 인물이라 그럭저럭 지내며 논쟁은 세기말까지 무려 70여 년을 끌어간다.

켈빈의 오류는 완전히 다른 연구에서 드러났다. 앙리 베크렐이 방사능을 발견해 지구 내부에 지속해서 열을 공급해 주는 열원의 존재가 밝혀지며 톰슨의 주장은 부정되기 시작한다. 물론 켈빈도 이즈음 자신의 이론을 의심하게 되지만 이미 늦었다. 그의 이론은 30년 동안 전세계 물리학 학생들에게 왜곡된 지식을 쌓게 했다. 19세기 중반부터 20세기 초는 인류의 대부분 과학적 성과가 쏟아진 시기이기에 많은 과학자가 톰슨의 논쟁 대상이 되어 멸시와 고통을 받았다. 심지어 이 때문에 연구를 접은 이들도 있었다.

귀를 닫고 자기 경험과 지식만 옳다고 주장하는 권위와 권력은 인류의 진보에 부정적 영향을 끼친다. 사실 우리는 이런 모습을 종교와 과학사가 아니더라도 쉽게 찾아볼 수 있다. 섭씨 1.5도라는 수치를 지켜내야 한다며 문명에 큰 변화를 요구하고 있지만, 여전히 권위자들은 자신들의 권력을 지키려 귀를 열지 않는다.

사회구조는 뚜렷한 간극을 가진 상하와 경계가 흐릿한 좌우로 나뉘어 사람들의 희망과 박리돼 있다. 게다가 지구는 상황적으로 분할된 국가와 민족 간 힘의 견제와 충돌로 더욱 긴장감이 돌고 있다. 지금의 세계는 한쪽에서 던진 돌이 반대편에 파동을 일으킬 정도로 서로 얽혀 있어 먼 곳의 고통까지 공명하고 있다. 이런 파동이 그저 가난하고 소외된 힘없는 내 이웃으로부터 출발했다고 보기는 어렵다. 권력과 권위가 중심이 되고 원을 그리며 파동으로 전달된다. 그래서 이들의 생각과 태도, 그리고 행동은 중요하다. 하지만 여전히 인류는 과거에서 배운 것이 없다. 마치 현재를 과거의 유사한 사실로 설명이 가능한 동일과정설처럼 역사는 반복되며 인류의 과오마저 되풀이되고 있다.

과거 세대의 논쟁을 다뤘지만, 과거 세대를 판단할 때는 한층 더 이해심과 겸손함을 가져야 한다. 이는 지금의 자신과 상대에게도 해당한다. 권위로 인해, 권력으로 인해, 그저 평범한 행복을 꿈꾸는 나와 수많은 이웃, 후대는 불안하고 고통과 상처를 받고 있다. 우리는 서로 치유를 위해 공감의 반경을 넓혀야 한다. 잘못은 누구나 할 수 있지만 잘못이 되풀이되는 것은 죄악이다. 권위와 권력에 의한 상처는 용서와 사과로 끝나지 않는다. 영화 〈두 교황〉에 나온 대사처럼 "죄악은 상처이지 얼룩이 아니다. 치료받고 아물어야 하지 용서로는 충분하지 않다."라는 뜻이다. 우리는 그들로부터 치유를 받아야 할 권리가 있다.

우리는 그린 웨이브를 타고 있는가

나이가 더 들기 전에 서핑을 해 보는 것이 나의 버킷리스트에 있었다. 그 바람은 실행으로 옮겨졌지만 근육이 굳는 나이가 되니 생각보다 쉽지 않았다. 서핑하는 장면을 보면 보드에 엎 드려 열심히 팔로 젓다가 뒤쪽에서 파도가 오면 보드 위에 일 어서야 한다. 일단 일어서기만 하면 이후는 파도에 맡기게 된 다. 서는 동작이 서핑의 시작이자 끝인 셈이다. 일어서는 동작 을 전문 용어로는 테이크 오프(Take Off)라고 한다. 서핑 결과는 썩 좋지 않았지만 중요한 사실을 알게 됐다. 모든 파도에 테이 크 오프가 가능한 것이 아니라는 사실이다. 그저 지구와 달, 자 전과 대기의 흐름이 만들어 낸 자연의 아름다운 작품이라 생각 했을 뿐 파도가 다르다고 생각해 보지 않았다. 젊은 서퍼들이 강원도 양양과 제주도 월정리 등 소위 서핑 핫스팟에 모이는 이유가 있었다.

하나의 파도를 보면 긴 파도의 양쪽에서 중심으로 서서히 무너지기 시작한다. 거품이 없는 중간은 물의 파동에너지를 온전히 가지고 있는 구간이다. 서퍼들에게는 이 구간이 있는 좋은 파도, 전문 용어로는 그린 웨이브(Green Wave)라고 한다. 이때가 라이딩을 하기에 적합한 것이다. 그린 웨이브가 시작할 때의 경사도 또한 손으로 젓는 패들링이 쉬워 앞으로 나아가기 좋다. 그린 웨이브 이후는 파도가 무너져 앞으로 나갈 수가 없다. 경사도 심한 편이기 때문에 부상 당할 수도 있다.

* * *

매년 10월 초 노벨상 발표 주간이면 과학과 문학계 분위기가 들뜬다. 전문가들은 예상 후보를 점치고, 해당 연구나 업적이 관련된 분야에서는 해설을 하느라 분주하다. 그런데 노벨상이 선정되기 1달 전에 선정하는 재미있는 상이 있다. 바로 '괴짜 노벨상'으로도 불리는 '이그 노벨상(Ig Nobel Prize)'이다. '이그(Ig)'는 '희한하거나 사실 같지 않은 진짜의(Improbable Genuine)'의 첫 글자이다. 이 상은 미국 하버드대 유머 과학 잡지 〈별난 연구 회보〉가 대중에게 과학에 대한 관심을 유도하기 위해 1991년에 제정한 상이다. 물리학상, 생물학상, 의학상, 공학상, 경제학상 등 10개 분야에서 수상자를 선정한다.

　상상력이 풍부하고 사람들을 웃게 한 이들에게 상이 수여되는데, 나는 노벨상보다 이그노벨상에 더 흥미가 있다. 2022년에는 코로나로 인해 온라인으로 열려 아쉬웠지만, 기발한 아이디어들이 수상했다. 가령 2022년 의학상은 아이스크림이 항암치료 과정에서 발생하는 부작용인 구내염을 완화한다고 증명한 폴란드 바르샤바대학 연구진이 수상했다. 아쉽게도 2022년 화학상은 생략됐다.

2022년 물리학상은 조금 특이했다. 이그노벨상 물리학상을 수여하는 사람이 동화를 언급한 것이다. 《아기 오리들에게 길을 비켜 주세요》라는 제목의 유명한 미국 동화가 있다. 이 스테디셀러 작가는 로버트 맥클로스키다. 그는 이 작품으로 1942년 미 문학상인 칼데콧상을 받았다. 보스턴 시민 공원에 사는 오리 부부가 8마리의 새끼 오리를 데리고 둥지를 틀 장소를 찾아 떠나는 내용이다. 강이나 호수에서 어미 오리를 따라 새끼 오리들이 일렬로 늘어서 헤엄치는 모습은 우리에게 친숙한 장면이다.

새끼 오리들은 왜 이런 식으로 어미를 따라가는 것일까? 길을 잃지 않으려고 어미의 뒤를 따라간다고 생각할 수 있지만, 사실 오리들은 에너지를 절약하기 위해 이런 방식을 택했다. 이 지점을 놓치지 않고 연구한 이들은 미국 웨스트체스터대, 스코틀랜드 스트래스클라이드대 연구진이다. 이 문제에 관한 연구로 공동 물리학상을 수상했다. 연구 결과에 따르면 어미가 물 위에서 헤엄치며 만든 파도를 새끼들이 이어 타기 위해서다. 어미가 가장 앞에서 만든 파도를 이어 타면 물의 저항을 덜 받게 되며, 같은 방식으로 가장 마지막에 있는 새끼 오리

　3장 ✛ 파괴

까지도 쉽게 따를 수 있다. 잘 보면 직선이 아닌 사선 형태나 지그재그로 진행하는 것을 관찰할 수 있다.

이 연구는 2021년 10월 유체역학에서 최고의 권위를 자랑하는 〈유체역학 저널(Journal of Fluid Mechanics)〉에 실렸다. 내가 전공한 화학공학에서도 공학적인 유체역학을 배운다. 유체의 운동에 대한 부분은 화학과 물리는 물론 공학 분야 전반을 아우른다. 물론 논문의 내용은 새끼 오리의 행동을 수학적으로 해석한다. 비점성 이론인 포텐셜 유동을 방정식으로 풀어낸 것이다. 중요한 것은 이론이나 정체가 아니라 그 해석의 대상으로 오리의 행동에 적용한 것이 특이점이다. 뒤따르는 새끼 오리는 어미가 만든 파도의 경사면을 마치 서핑 보드를 타는 것처럼 이용한 것이다.

어미는 희생만 할까? 이때 뒤따르는 새끼 오리의 전면에 압력이 증가하여 결국 어미 오리의 뒷부분 압력이 증가한다. 어미 오리도 전진하는 데 도움을 받는 것이다. 여기에는 중요한 지점이 하나 더 있는데, 어미와 새끼의 적절한 간격이 필요하다는 것이다. 이 간격이 무너지면 서로에게 도움이 되지 않는다. 이들은 이미 자연의 성질과 다른 개체와 어떻게 어우러져야 하는지 알고 있었던 것이다.

한반도에 겨울이 오면 전국 유명 철새 도래지에 가창오리와 큰기러기 같은 겨울 철새들을 흔히 볼 수 있다. 순천만 늪지의 경우는 유네스코에 등재될 정도로 천혜의 생태계를 갖춘 곳이다. 이들은 이동할 때 수십 마리씩 V자 편대 비행을 한다. 인간이 만든 전투기도 마찬가지다. 편대 비행을 하면 연료 소모가 최대 18%까지 줄어든다. 그동안 새들의 비행 모형은 에너지 소모를 최소화하기 위한 행동으로 추정됐다. 새들이 어떤 공기역학적 원리를 이용해 V자 편대 비행을 하는지 밝혀진 게 불과 8년 전이다. 영국 왕립수의대 스티븐 포르투갈 박사팀이 붉은볼따오기를 이용한 실험을 통해 그 비밀을 규명했고 국제 학술지 〈네이처(Nature)〉에 발표했다.

새는 날갯짓을 하며 상하로 요동치는 난기류를 만든다. 새의 날개 양 끝단 위아래의 공기 흐름 차이로 인해 소용돌이(Tip Vortex)가 생기는 것이다. 소용돌이가 뒤쪽으로 늘어지며 난류(亂流)를 형성한다. 이 기류는 아래쪽을 향하다 중간쯤부터 위쪽으로 흐름을 바꾼다. 선두를 따르는 새가 이 위치에서 수직으로 작용하는 추가 양력을 받아 더 쉽게 날 수 있다. 또 새들이 V자 비행을 할 때 뒤따라가는 새가 앞서가는 새의 박자에 맞춰 날갯짓을 하는 것도 이런 효과를 극대화하기 위함인데, 일렬로 날아갈 경우에는 하강기류를 최소화하기 위해 엇박자로 날갯짓을 한다. 물론 이때도 오리들처럼 비행하는 내내 '최적의 위치'를 찾아 끊임없이 움직인다. 새들은 옆에서 비행하는 동료가 만드는 난류 패턴을 정확히 알고 있고, 또 예측할 수 있는 능력을 갖고 있다는 것을 보여 준다.

물 위를 가로지르는 것은 오리뿐만이 아니다. 인간이 만든 선박도 마찬가지다. 유체 표면을 이동하는 물체는 항적을 남긴다. 항적은 세 가지가 있다. 물체의 뒤쪽에서 발생하는 와류(Tubulant Wave), 앞쪽에서 물을 밀어내며 발생하는 가로파 (Transverse Waves), 물을 갈라내며 발생하는 발산파(Divergent Waves)가 있다. 일종의 저항인 셈이다. 이들을 항주파(Kelvin Wake)라 한다. 이 항주파의 쐐기각은 반칙폭이 약 19.5도 정도의 한계값을 갖는다. 이 항주파는 오리가 만드는 발산파 각이나 선박이 만드는 발산파의 각이 모두 같다.

이러한 현상에 대하여 처음으로 이론적 해석을 한 사람은 영국의 과학자 켈빈이다. 하지만 유체역학에 대해 남다른 지식을 가진 그도 실수를 했다. 그는 "공기보다 무거운 것은 하늘을 날 수 없다."라고 단언했다. 그의 고집은 후대의 과학과 공학 발전에 많은 저항을 남겼다. 그의 육중한 단언은 1903년 월버 라이트와 오빌 라이트가 만든 동력 비행기가 12초 동안 비행을 성공하며 무력화됐다.

모든 움직임에는 저항, 마찰투성이다. 세상도 마찬가지다. 세상이 움직이며 발전하려면 어쩔 수 없는 저항과 마찰이 있다. 우리가 하찮게 여겼던 동물들마저 자연의 법칙을 유전자에 탑재하고 있었다. 만물의 영장이라고 하는 인간만 뒤늦게 알게 됐으며 그저 수식으로 정의했을 뿐이다. 정체를 아는 것도 중요하지만 쓰임이 더 중요하다. 비행기가 날 수 있는 원리는 아직도 명확하지 않지만, 공학자들은 비행기를 띄운다. 자연의 법칙에 순응하는 것처럼 말이다.

　우리 삶에도 늘 선도자가 있다. 소위 리더라고 불리는 사람들이다. 그들의 권력과 지위는 막강하다. 그들의 선택에 따라 문명을 획기적으로 진보할 수도 있지만, 사회 전체를 뒤흔들 수도 있고 문명을 퇴보할 수도 있다. 오리나 새들도 각자 최적의 위치에서 서로의 저항을 감소하고 도움을 주는 방법을 아는데 우리는 왜 자연의 간단한 삶의 법칙을 적용하지 못하고 있을까.

　새들은 먼 길을 가는 동안 끊임없이 울음소리를 낸다. 아마 조금이라도 관심이 있었다면 들었을 것이다. 우리도 유치원 때 모든 것을 배웠다. 일렬로 전진하며 구호를 외치며 간다. 비행하는 새의 구호와 울음소리는 앞에서 거센 바람을 가르며 힘겹게 날아가는 리더에게 보내는 '응원'이다. 그래야 머나먼 길을 가는 데 힘이 덜 든다. 단지 문명의 전진이나 발전, 성장을 위해서 앞으로 가는 것만이 능사는 아닐 것이다. 만약 철새가 다치거나 지쳐 낙오하게 되면 다른 동료 2마리도 함께 이탈해 낙오한 동료가 다시 날 수 있을 때까지 돌본다. 혹은 죽음으로 생을 마감할 때까지 동료의 마지막을 함께 지키다 무리로 다시 돌아온다. 우리는 파도의 그린 웨이브를 타고 있을까? 비행하는 새들처럼 서로에게 도움과 응원을 보내고 있긴 한 것일까?

지구와 충돌하지 않는 법

마지막 장을 어떻게 마무리해야 할지 고민했다. 그러다 문득 해답을 얻지 못해도 고민하는 그 자체가 삶의 철학이라는 생각이 들었다. 철학자도 아닌 나는 과연 어떤 고민을 하고 있었던 걸까. 그 고민의 대상을 다시 정리하듯 떠올려 봤다. 그리고 왜 그 대상을 고민하는가로 생각을 좁힌 결과, 그 끝엔 '지속 가능성'이 있었다. 그것은 인류의 문명은 물론 자연을 포함한 광범위한 '지속성'이었다. 그래서 나는 이런 생각에 물들게 된, 그러니까 현재 나의 삶에 가장 영향을 준 한 철학자를 중심으로 마지막 장을 전개하려 한다. 이 긴 여정의 시작이 신화였듯이, 앞으로 벌어질 신화적 이야기로 이 책을 마치려 한다.

철학자는 항상 동시대 사람들에게 인문학적 고찰과 담론을 제안하며, 소위 '어떻게' 살아가야 하는지를 먼저 고민하고 방향을 제시한다. 그리고 그 생각에 동의하는 동시대인은 공감으로 시대를 채워 간다. 나는 최근까지 프랑스의 철학자, 인류학자이자 사회학자 브뤼노 라투르의 저서를 통해 그의 생각을 읽어 내려 노력하고 있다. 그는 과학철학을 바탕으로 인간과 비인간을 구분해 온 근대주의적 이분법을 해체했다.

근대 이후 철저하게 인간을 중심으로 모든 세상이 돌아갔다. 그는 이 부분을 무너뜨리려 했다. 비록 그는 팬데믹을 통과하지 못하고 사망했지만, 아직도 전 세계에서 가장 주목받는 지식인 가운데 하나다. 그에게 영향을 준 대표적인 철학자로 미셸 세르, 질 들뢰즈가 있고, 영향을 받은 이는 이언 해킹, 그레이엄 하먼이 있다. 특히 이언 해킹은 과학철학자다. 브뤼노 라투르처럼 과학기술학(STS, Science and Technology Studies) 연구자인 이언 해킹은 라투르의 철학사상을 이어받아 이 세계를 살아가는 우리의 모습을 더 정확히 진단할 것으로 기대한다.

라투르는 근대주의적 이분법 자체를 거부하고, 그동안 인식되지 못했던 더 많은 비인간적 존재자를 찾아 발언권을 주고자 자신만의 궁극적인 세상을 기획했다. 그의 저서 《자연의 정치》에서는 자신의 생각을 완성했다. 그는 특징되는 인류의 '무지'를 인정하고 더 많은 외부의 사람 혹은 비인간이라 부르는 존재자를 찾아내 정치적 집합체에 끌어들였다. 거기에는 동물, 자연, 심지어 우리가 사물이라 표현하는 지각 위 모든 물질과 지구까지도 포함된다. 바로 이 '사물 정치'가 라투르 정치철학의 핵심이다. 탈인류도 아니고 인류 격하도 아니다. 겸허하게 인류를 자연의 일부로 인식하는 것이다. 그가 꺼낸 새로운 존재, 즉 객체는 정확히 인식되지 않은 존재들이다.

사실 우리는 그들의 존재를 흐릿하게 인지하고 있었다. 하지만 정확하게는 존재를 인정하지 않은 것들이다. 이들이 인간들에게 제대로 드러난 것은 기후 변화와 팬데믹 때문이었다. 사실 그들의 존재는 인식이라는 과정이라기보다 갑작스러운 사건, 사태, 혹은 위협처럼 다가왔다. 우리가 옳다고 믿었던 기존의 인식을 깨고 현실 정치의 무능함까지 드러냈다. 라투르가 이 개념을 꺼낸 이유이기도 하다. 우리는 무생물은 물론 다른 생명체를 포함한 자연, 지구, 그 표면에 대해 알고 있다고 생각하지만, 제대로 알기 시작한 것은 시간적으로 보면 몇 세기도 되지 않은 셈이다.

사실 아직도 이 객체에 대한 깊이를 완전하게 가늠하고 있다고 보기 어렵다. 우리는 먼 우주에 대해 더 많이 알고 있고, 바닷속 심해에 관해서는 모르는 게 더 많다. 결국 자연 변화와 질병은 인류의 '무지'를 세상 밖으로 꺼낸 것이다. 그리고 라투르는 그 무지가 지금 인간들이 행하는 모든 활동의 바닥에 깔려 있다는 것을 알려 주려고 했다.

라투르는 "아무 쟁점-객체-사물도 없는 상태에서 정치를 규정하려고 시도하는 대신에 공중들이 그것들을 둘러싸고 한 공중을 생성하는 객체들을 마침내 돌아보게 하는 것이 급진적인 의미의 코페르니쿠스적 혁명"이라고 말했다. 정치를 권력 투쟁이나 언어 게임 같은 인간의 상호작용 영역에서 떼어놓는 대신, 인간과 비인간이 결합하는 다양한 쟁점-객체-사물을 그 중심에 놓으려는 시도이다. 쟁점은 바로 정치의 본질이기에 중요하다.

우리는 앞서 쟁점을 바라보는 시각과 대상을 권력으로 가려 문명을 후퇴하게 만든 여러 사건들을 살펴 왔다. 그 쟁점에서 자연과 약한 생명체는 철저하게 배제됐음을, 그리고 여전히 그 무모하고 어리석은 역사가 반복되고 있었다는 것을 알았다. 그래서일까. 질병과 기후 위기에도 여전히 인류는 근대주의적 이분법에서 탈출하지 못하고 여전히 오만함을 보이고 있다.

그런데 라투르의 사상은 이후 더욱 격하게 변했다. 라투르는 마지막 저서에서 더 이상 설득할 수 없는 기후 변화 회의론자들을 단적으로 제거해야 한다는 태도를 보였다. 그 이유는 간단했다. 그렇게 하지 못한다면 인간 전체가 멸절이라는 위험에 처할 것이라 생각했기 때문이다. 독일의 나치 정권이 우생학을 내세워 재앙을 부를 때와 유사한 태도였으며, 다소 극단적인 사상이었다. 하지만 나는 그가 보이는 다소 극렬한 생각에 주춤하면서도 심장의 깊은 곳에서는 그 의견에 열렬한 찬성을 보냈다. 나의 이런 동의는 소극적인 자의 비겁한 태도였다.

극단적인 기후의 재앙을 몇 차례 경험한 인류는 자신들의 행위에 변화가 있어야 한다고 현실적으로 느끼고 있었다. 물론 거대한 담론이 되어 전 지구적 행위가 일어나지는 않았지만, 일부에서 변화가 조금씩 시작됐다. 스웨덴의 유명한 젊은 환경

운동가 그레타 툰베리도 이때 등장했다. 기후 변화에 대한 경고가 허공을 떠도는 선언이 아니라는 것을 피부로 감지할 무렵 팬데믹이 찾아왔다. 세상은 각자의 국경을 닫았으며, 활동은 물론 연대마저 멈췄다. 이전의 '지속 가능한' 어떤 것을 위한 행위도 동시에 멈췄다. 3년이란 시간이 흐르는 동시에 근대화 이후 지배했던 이분법은 더욱 왜곡된 형태로 극명하게 드러났다.

특히 미국의 태도는 더욱 극명했다. 당시 트럼프의 독단적 정치는 변화하려는 세계의 시계를 저항 없이 거꾸로 돌렸다. 미국은 국가가 아닌 기업이었고, 대통령은 통치자가 아닌 기업의 오너였다. 최고의 수익이 국가의 목표가 되고 국가는 기업처럼 운영됐다. 그는 미국을 민족주의와 종족주의의 범주로 끌어들여 작은 정부가 아닌 강력한 정부를 만들어 통치했다. 당시 팬데믹은 변명거리가 되었고, 이런 정책은 암막 뒤에 가려졌다. 팬데믹으로 모든 국가가 개방을 철회하고 문을 걸고 닫았으니 미국의 속뜻을 알 리가 없었다.

팬데믹의 장막이 걷히면서 미국이 기후 변화의 존재를 부정한 이유를 알게 되었다. 그들이 원하는 세계를 완성하기 위해서는 지금까지 인류 중심의 근대화와 지구적인 조건과 배경 사이에 드러나고 있는 근원적인 갈등을 제거해야 했었기 때문이다. 팬데믹이 오기 전 정치와 경제는 물론 환경 분야에서 지구적 연대가 꿈틀대기 시작했는데, 결국 미국은 모든 형태의 연대를 해체하고, 심지어 파리 기후 협약마저 탈퇴했다.

그들이 탈퇴한 이유는 경제적 피해 때문이다. 그리고 이는 곧 자신들의 권력을 유지할 지지층의 붕괴와 연결된다. 트럼프 행정부의 계산은 오바마 전 정부가 약속한 온실가스 감축 목표, 즉 2024년까지 26~28% 감축한다는 목표를 지키려면 미국 내에서 3조 달러 규모의 생산활동을 줄여야 했다. 결국 고용 감소 효과로 직결된다. 그러니 그들에게 기후 협약은 독이었다. 결국 이 모든 것을 지키기 위해 신기후 체제에 대해 무관심을 유지하는 선택이 유일한 방법이었다.

* * *

공상과학 영화에서나 있을 법한 일이 실제로 실현되고 있다. 우주여행을 하고 화성에 가는 일이 실제로 벌어지고 있다. 그런데 이런 일들이 가능해도 평범한 사람들에게는 여전히 꿈같고 영화 같은 일이다. 백만장자도 여기에 합류하지 못한다. 소위 억만장자들에게나 가능한 일이다. 그래서 그들은 보통 사람이라는 계급을 상향 조정했다. 국가 내부에서의 계급 간격을 더욱 벌려 부유한 자와 가난한 자를 양극화 스펙트럼의 양쪽 끝에 배치했다. 사실 이 구조는 갑자기 만들어진 것이 아니다. 우리가 엘리트라고 부르는 이들이 스스로 아주 오랜 시간 동안 치밀하게 만들어 낸 구조이다.

모든 것을 종합해 보면 미국의 선택은 다른 국가는 물론 국가 내부에서도 엘리트라 불리는 계급과 다른 계급에 있는 사람들과 세상을 공유하지 않겠다는 태도다. 그들은 인류 전체가 잘사는 세상을 다시는 만들지 않는다고 결정한 것이다. 이런 움직임은 1980년대 초부터 시작됐다. 소위 소수의 엘리트층과 권력층은 그들의 부를 부풀리는 데 방해가 되는 규제를 완화하기 시작했다. 지각에 남은 연료를 퍼 올릴 수 있는 데까지 퍼 올렸다. 그들에게 후손은 안중에도 없었다. 물론 자신들의 자식 세대에 물려줄 유산이 극악한 환경에서 어느 정도는 버틸 수 있을 것이라고 생각했다. 그것이 극명하게 드러난 것이 지구 탈출이다. 억만장자들은 지구를 더 이상 자신들의 거주지로 생각하지 않는다.

어쩌면 트럼프의 당선 자체가 공동 연대의 끝장을 선언한 것이나 다름없었다. 정치는 통제가 미치는 범위 혹은 정해진 영역의 생명체를 대상으로 벌이는 인류의 사회적 활동이다. 그런데 그들의 세상에는 그 대상이 존재하지 않은 상태에서 정치를 하는 셈이다. 거주지의 환경 변화와 그 위의 객체에 대한 부정을 하며 겉으로 'ESG'라는 용어를 등장시켰다. 마치 프론티어 정신을 꺼내 사람들을 계몽하듯 선언한 것이다.

ESG를 선언하고 지키는 기업은 선의적 이미지로 각인된다. ESG의 E는 환경(Environment)이다. 자세히 들여다보면 이 단어조차 인간을 둘러싸고 있는 주변만을 의미하고 있다. 이 이야기에서조차 인간이 늘 주인공이었다. 여기에서의 환경은 배경, 그러니까 미장센으로 제한한 것이다. 이제 조연은 물론 지나가는 행인, 무대를 장식하는 소품 하나하나가 주인공이 되어야 한다. 언제까지 인간만이 중요한 역할을 맡았다고 착각하고 있을 것인가.

기후 변화로 지구 곳곳에 물의 순환과 재분배가 엉키고 있다. 2023년 슈퍼 엘니뇨 현상이 예측되며 벌써 아시아 지역의 폭우와 더위를 예상하고 있다. 하지만 기후 위기, 위협만으로는 도무지 이 문명의 습관을 깨기가 힘들어 보인다. 홀로세(Holocene)는 약 만 년 전부터 현재까지의 지질시대를 말한다. 이 지질시대는 더 정밀하게 세분화됐다. 1945년 핵실험을 시작으로 지각에 방사능물질이 쌓이기 시작하며 인류세(人類世)라는 새로운 개념의 지질시대가 정의됐다. 방사능물질 뿐만 아니다. 지각에 묻힌 플라스틱이라는 고분자물질, 대기의 이산화탄소도 이 지질시대의 속성이다. 앞서 다뤘던 한 해 매장되는 600억 마리의 닭 뼈도 지질학적 특징으로 꼽힌다.

우리는 홀로세의 시작부터 80억 명을 유지할 동안 인류가 벌인 행위로 지구 시스템이 어떻게 반응할지 제대로 고민한 적이 없다. 만 년이라는 시간 동안 누적된 습관이 생겼다. 기후를 떠나 지구 시스템의 격변하여 신기후 체제에 입장했음을 경고함에도 그 당위와 중요성을 거부한다. 여전히 무관심하다. 신기후 체제의 중요성을 알아야 세상을 제대로 보고 모든 것을 뒤집을 수 있다는 것이 라투르의 주장이다.

성경에 등장하는 노아의 방주는 그저 특정 종교만의 이야기가 아니다. 지금의 낙관은 마치 종교를 신봉하는 이들의 맹목적 신념처럼 보인다. 그저 잘될 거라는 환상으로 애써 외면하고 시름을 달래고 있는 걸까. 종교를 꺼낸 이유가 있다. 그렇지 않고는 도무지 설명되지 않는 것들이기 때문이다. 사실 종교는 과학의 상대적 의미가 아닌 더 광범위한 의미를 지닌다. 우리가 1년에 600억 마리의 닭과 140억 마리의 소와 돼지를 식량이라는 이유로 마음대로 살상하는 이유와 권리가 어디에 있는가. 인간이 그들보다 더 가치 있는 존재라고 생각하게 하는 것은 무엇일까. 더 가치 있다고 마음대로 그렇게 생명체를 대해도 되는 것일까. 그 권리는 누가 준 걸까.

자연의 섭리에서 보면 약육강식과 먹이 사슬로 생태계가 유지되고 존재한다. 결국 자연 그 자체가 종교이며, 거대한 합의인 셈이다. 왜냐하면 과학으로 보면 모두가 동일하게 유전자와 세포로 이루어진 생명체이며 별 차이가 없다. 그러니까 질문이 필요하지 않은 거대한 합의 하에 인간을 위해서 이들은 희생되고 인간에게 몸을 제공했던 것이다. 지금처럼 질문하지 않고 받아들여지는 것은 종교적인 합의, 그러니까 만 년이란 인류 문명의 시간에 몸에 빌트인(Built-In)된 습관 같은 것이다. 자연은 이제 그 습관을 고쳐야 한다고 여러 형태의 메시지를 주고 있지만, 대다수가 전혀 그 메시지를 모르고 있거나 알고 있는 자들은 모든 인류가 안전할 수 없다는 결론을 낸 듯 보인다. 어차피 다 같이 살 수 있는 가능성이 없으니 자신들이 태어난 대지를 떠나 지구 대기권 밖으로 나가려고 한다.

　제대로 보고 제대로 뒤집지 않으면 인류가 그동안 쌓은 모든 문명이 대홍수로 끝날지도 모른다고 예측하는 데 거창하게 신의 아들까지 등장시킬 필요가 없다. 이미 과학이 모든 시뮬레이션으로 설명했기 때문이다. 노아의 방주와 같은 비극이 이 지질시대에서 반복될 수 있다는 것도 시뮬레이션의 한 선택지에 존재한다. 세계빙하감시기구(WGMS)에서는 매년 3,350억 톤씩 빙하는 사라지고 있고 2,100년 후 빙하 대부분이 녹을 것으로 보고 있다. 극 지역에서 멀리 떨어진 적도지역 해양의 해수면이 더 높이 상승할 것이다. 오히려 기후변화에 영향을 미치지 않았던 사람들이 가장 큰 피해를 받는다.

　물론 산업화를 이끈다고 자부하던 이들도 결국 그 피해의 끝에 있어 지연됐을 뿐 밀려올 파장에서 자유롭지 않다. 그들은 자신들이 안전할 거라고 착각하고 있을 뿐이다. 과학은 앞으로 벌어질 미래를 임계 영역으로 나누고 시나리오를 만들어 인류의 몇 가지 선택지를 만들었다. 더 정확하게 수치로 계몽하고 있다. 하지만 이를 위한 전 지구적 노력은 그다지 눈에 띄지 않는다.

　나는 물리학자 리처드 파인만을 좋아한다. 그가 남긴 말 중에 이런 말이 있다. 세상의 멸망을 겪은 후대가 다시 문명을 일으키는 데 알려줘야 할 가장 중요한 사실은 세상이 원자로 이루어져 있다는 말이다. 파인먼이 남긴 이 명언의 가정이 실현

될 수도 있겠다는 생각이 드는 게 지나친 비관일까. 인류가 지구와 충돌하지 않고 안전하게 착륙하기 위해서 라투르는 주변을 보라고 말했다.

물론 이전보다 변화는 있다. 개개인을 보면 미래를 걱정하고 생명에 대한 존중으로 환경을 보호하고 인간 중심에서 벗어나려는 작은 노력이 있다. 그런데 기업과 거대 국가들은 ESG를 선언하면 면죄부를 얻을 수 있다고 생각하는 것 같다. 그들은 여전히 인류를 초월적 존재로 간주하고 있는 것은 아닐까. 그들은 환경 문제는 과학 기술로 모두 해결할 수 있고, 경제활동의 사회적 대상에 공정하고 공평하며 권리를 보장하면 된다고 한다. 또 윤리적이며 투명한 경영 혹은 정치 지배 구조만 지키면 그들의 비즈니스와 국가 운영이 지속 가능하다고 믿고 있다. 하지만 여전히 자연은 그들이 수익을 내는 재료이고, 폐기물을 받아 주는 쓰레기장이자 인류의 배설물을 받아내는 화장실이다.

이제는 신기후체제를 받아들여야 한다는 것을 부인할 수가 없다. 누구도 믿지 않았던 사실들, 지금까지 옳다고 믿었던 문명이 모두 틀렸다는 것이 재해와 감염병으로 모두 드러났기 때문이다. 인간은 자신이 그저 지구라는 행성에 속한 여러 부속 중 생명체, 그리고 그 안에서도 일부 종에 지나지 않는다는 인식을 해야 한다. 이 주장이 바로 라투르가 강조하는 부분이다. 한마디 더 하자면, 나는 우리가 겸손한 태도로 더 이상 어떤 일도 벌이지 말아야 한다고 생각한다. 어쩌면 앞으로 지구위에서 벌어질 모든 사건을 겸허하게 받아들여야 할지도 모르기 때문이다. 지구는 파괴되지 않는다. 그리고 위기도 아니다.

간혹 전문가들이 산불에 대한 사례를 들어 기후 변화로 몰아가는 경우가 있다. 물론 가뭄으로 산불이 날 확률이 많아지는 건 설명할 수 있다. 빈도는 분명 기후 변화의 한 특징이다. 그렇다면 첨단 과학기술이 등장해 산불을 근원적으로 방지하는 것이 정말 도움이 될까. 이산화탄소를 먹어 치우는 숲을 화재 없이 보존하면 도움이 될까. 숲은 어떤 이유에서든 자연 재난으로 1번씩 재가동 되어야 한다. 그래야 식물 종의 다양성이 유지된다. 그게 바로 진화이다. 지금의 지구가 다소 격렬하게 보여도 지구는 그저 환경이 변화하며 기존의 움직임을 변화했을 뿐이고, 앞으로도 그럴 것이다. 단지 적절한 기후 조건에 존재했던 인류를 포함한 생명체에게만 위기일 뿐이다. 기후 위기는 지극히 인간 중심적 사고에서 나온 용어이다. 단지 기후 변화일 뿐이며, 지구는 피해자가 아니다. 그저 적정선을 지켜내지 못한, 아니 지킬 생각조차 없었던 인류 스스로가 피해자이자 가해자이다.

마지막으로 독자들에게 질문과 함께 신화 조각을 꺼내려 한다. 어떻게 하면 인류가 지구와 충돌하지 않을 수 있는 걸까. 만약 핵융합 에너지와 같은 엄청난 힘이 인류의 손에 쥐어진다면, 진정 인류의 생존과 지구의 조건과 관련된 모든 문제가 해결될 것인가? 얼마 전 스페인 프라도 미술관에 갔었다. 스페인의 대표 화가인 프란시스코 고야 특별전이 열리고 있어 대부분 소장작을 감상할 수 있었다. 고야의 대표작으로 자식을 잡아먹는 〈사투르누스〉라는 그림이 있다. 우라노스의 폭정을 견디지 못한 아내 가이아가 자신의 아들인 사투르누스에 의해 남편을 죽이게 된다. 죽어 가던 우라노스는 아들에게 '자식에 의해 죽어갈 것'이라는 저주를 남긴다. 결국 사투르누스는 아내 레아가 자식을 낳을 때마다 잡아먹기 시작한다. 살아남기 위해 자식을 죽이는 게 이해가 되지 않지만, 한편으로 우리의 모습일 수도 있겠다는 생각이 스쳤다.

이처럼 현재의 상황을 적절하게 표현한 다른 신화가 있다. 이 신화의 주인공은 대지의 여신 데메테르를 분노하게 만든 테살리아의 왕 에리식톤이다. 대지주이자 부유한 나라의 왕인 그는 데메테르의 축복을 받은 대지를 다스리면서도 그에 감사할 줄을 모르고 무례하고 불경했다. 게다가 신들의 분노도 두려워하지 않았다. 왕성한 식욕의 소유자인 그는 식당을 지을 좋은 재목이 필요해지자, 데메테르 여신에게 봉헌된 신성한 숲의 나무들에 손을 댔다. 어느 누구도 여신의 화관이 달린 커다란 참나무를 베려 하지 않자 에리식톤은 도끼를 들고 직접 나무를 베어 쓰러뜨렸다.

분노한 데메테르는 굶주림의 여신 리모스에게 채워지지 않는 굶주림을 에리식톤에게 내리라고 명령한다. 리모스는 잠이

든 에리식톤의 혈관에 '허기'를 뿌렸다. 잠에서 깬 에리식톤은 왕성한 식욕을 느꼈다. 미친듯이 먹어도 포만감은 찾아오지 않았다. 결국 그는 음식을 사는 데 모든 재산을 탕진한다.

돈이 떨어지자 그는 많은 돈을 지불하는 구혼자에게 자신의 딸까지 팔았다. 그에게는 메스트라라는 딸이 하나 있었는데, 바다의 신 포세이돈의 사랑을 받고 있었다. 구혼자에게 팔려갈 위기에 처한 메스트라는 포세이돈에게 자신을 구해 달라고 빌었고, 포세이돈은 그녀에게 변신을 할 수 있는 능력을 주었다. 그녀는 팔려 간 집에서 어부로 변신해 탈출했다. 이런 능력을 알게 된 에리식톤은 계속해서 딸을 팔았고, 그 돈으로 음식을 조달했다. 하지만 딸을 판 돈도 포만감을 채우기에는 벅찼다. 결국 그는 도끼를 들어 자신의 발부터 손까지 잘라내 먹기 시작했다.

사랑으로 키우기도 부족한 후손을 잡아먹는 자, 자식을 팔아 자신의 배를 채우는 자, 이기심과 두려움으로 가득 찬 인간의 모습. 그리고 멈추지 못하는 욕망. 어쩌면 우리 가슴에는 대지를 감사할 줄 모르는 에리식톤과 이기적인 사투르누스의 모습이 깊은 곳에 자리 잡고 있는 건 아닐까. 자본주의의 한 주류 정신을 '에리식톤 콤플렉스'라고 이름을 붙인 건 이들과 우리가 닮아있기 때문이다.

우리의 미래에 관하여

지구의 파괴는 일어나지 않을 것이다. 그저 지구에서 인류가
생존할 수 있는 환경이 희미해질 뿐이다. 그러한 파괴를 불러 오는
법칙은 따로 없다. 인류 자체가 그 법칙이다.

2123년 7월 1일은 일요일이다. 이 책을 쓴 지 100년이 지난 날이다.
내가 프롤로그를 쓴 것은 토요일이었다. 토요일과 일요일은
주말이다. 두 날이 의미 있는 생명체는 인간밖에 없다.
성장에 안간힘을 쓰는 사람들에게 주말은 멈춤과 쉼의 시간이다.
어쩌면 100년 후에는 주말이란 시간이 광활한 우주의
어느 누구에게도 의미가 없는 날이 될지도 모르겠다.
우리의 자손이, 그리고 그 자손의 자손이, 또 그 자손이 있어야 할
인류의 삶에 있어 자연이 어떤 풍경을 허락할지 모르겠다.

참고문헌

고재현, 《빛의 핵심》, 사이언스북스, 2020

그레이엄 하먼, 《브뤼노 라투르》, 김효진 역, 갈무리, 2021

김경집, 《진격의 10년, 1960년대》, 동아시아, 2022

김대식, 김동재, 장덕진, 주경철, 함준호, 《초가속》, 동아시아, 2020

김병민, 《거의 모든 물질의 화학》, 현암사, 2022

너새니얼 필브릭, 《사악한 책, 모비딕》, 홍한별 역, 교유서가, 2020

도메 다쿠오, 《지금 애덤 스미스를 다시 읽는다》, 우경봉 역, 동아시아, 2010

로버트 맥클로스키, 《아기 오리들에게 길을 비켜 주세요》, 이수연 역, 시공주니어, 2017

로버트 액설로드, 《협력의 진화》, 이경식 역, 시스테마, 2009

로타어 뮐러, 《종이》, 박병화 역, 알마, 2016

리베카 긱스, 《고래가 가는 곳》, 배동근 역, 바다출판사, 2021

리처드 도킨스, 《이기적 유전자》, 홍영남·이상임 역, 을유문화사, 2018

마틴 러드윅, 《지구의 깊은 역사》, 김준수 역, 동아시아, 2021

민태기, 《판타 레이》, 사이언스북스, 2021

박숭현, 《남극이 부른다》, 동아시아, 2020

박오옥, 《알기 쉬운 고분자 이야기》, 자유아카데미, 2021

발터 벤야민, 《기술복제시대의 예술작품, 사진의 작은 역사 외》, 최성만 역, 길, 2007

볼프 슈나이더 저자, 《만들어진 승리자들》, 박종대 역, 을유문화사, 2011

브뤼노 라투르, 《지구와 충돌하지 않고 착륙하는 방법》, 박범순 역, 이음, 2021

스티븐 그린블랫, 《1417년, 근대의 탄생》, 이혜원 역, 까치, 2013

아서 그린버그, 《Greenberg 화학사 연금술에서부터 현대 분자 과학까지》,
  김유향·강성주·이상권·이종백 공역, 자유아카데미, 2022

안드리 스나이르 마그나손, 《시간과 물에 대하여》, 노승영 역, 북하우스, 2020

얼 C. 엘리스, 《인류세》, 김용진·박범순 역, 교유서가, 2021

에드워드 돌닉, 《뉴턴의 시계》, 노태복 역, 책과함께, 2016

여인형, 《공기로 빵을 만든다고요?》, 생각의힘, 2013

옌스 죈트겐, 《교양인을 위한 화학사 강의》, 바탈리 콘스탄티노프 그림, 송소민·강영옥 역, 반니, 2018

웬디 A. 월러슨, 《싸구려의 힘》, 이종호 역, 글항아리, 2022

위정복, 《창조세계와 과학의 올바른 나침반》, 라온누리, 2018

윌리엄 H. 브록, 《화학의 역사》, 김병민 역, 교유서가, 2023

이언 커쇼, 《유럽 1914-1949》, 류한수 역, 이데아, 2020

이정모, 《달력과 권력》, 부키, 2015

이진성, 《닥터 커피》, 교보문고, 2018

이희수, 《인류 본사》, 휴머니스트, 2022

장피에르 소바주, 《우아한 분자》, 강현주 역, 장홍제 감수, 에코리브르, 2023

장홍제, 《화학 연대기》, EBS BOOKS, 2021

재레드 다이아몬드, 《총 균 쇠》, 김진준 역, 문학사상, 2005

정진호, 《위대하고 위험한 약 이야기》, 푸른숲, 2017

제러미 리프킨, 《수소 혁명》, 이진수 역, 민음사, 2020

조지 오웰, 《1984》, 정회성 역, 민음사, 2003

조천호, 《파란하늘 빨간지구》, 동아시아, 2003

존 스튜어트 밀, 《공리주의》, 이종인 역, 현대지성, 2020

존 엘리스, 《참호에서 보낸 1460일》, 정병선 역, 마티, 2005

찰스 만, 《1493》, 최희숙 역, 황소자리, 2020

최효찬, 《서울대 권장도서로 인문고전 100선 읽기 1》, 위즈덤하우스, 2014

카일 하퍼, 《로마의 운명: 기후, 질병, 그리고 제국의 종말》, 부희령 역, 더봄, 2021

타밈 안사리, 《이슬람의 눈으로 본 세계사》, 류한원 역, 뿌리와이파리, 2011

토마스 로버트 맬서스, 《인구론》, 이서행 역, 동서문화사, 2011

폴 발레리, 《인간과 조개껍질》, 정락길 역, 이모션북스, 2021

프리모 레비·조반니 테시오, 《프리모 레비의 말》, 이현경 역, 마음산책, 2019

하인리히 찬클, 《노벨상 스캔들》, 박규호 역, 랜덤하우스코리아, 2007

핼 헬먼, 《과학사 대논쟁 10가지》, 이충호 역, 가람기획, 2019

T.S. 엘리엇, 《사중주 네 편》, 윤혜준 역, 문학과지성사, 2019

Robert Boyle, 《The Sceptical Chymist》, Legare Street Press, 2022

Bruno Latour, 《Politics of Nature》, Catherine Porter 역, Harvard University Press, 2004

Adolphe Minet, 《The Production of Aluminum and Its Industrial Use》, Legare Street
　Press, 2022

Niles Eldredge, 《Darwin:Discoverng The Tree of Life》, WW Norton&Company, 2006

✤

이치웅, 〈질소 순환과 식량 생산〉, 한국과학기술정보연구원, 2003

정수철, 〈졸피뎀의 체계적 관리 방안 연구〉, 한국콘텐츠학회 논문지, 2020, vol.20, no.2, pp. 462-
　471(10 pages)

홍성대, 세계의 커피산업 생산 및 소비 동향, 〈세계 농업〉, 한국농촌경제연구원, 2017년 2월호, pp.
　47-68(22 pages)

Jean-Pierre W. Desforges·Moira Galbraith·Neil Dangerfield·Peter S. Ross, 〈Widespread
　distribution of microplastics in subsurface seawater in the NE Pacific Ocean〉, Marine
　Pollution Bulletin, 2014

Niels Bohr, 〈I. On the constitution of atoms and molecules〉, Philosophical Magazine
　Series 6, 1913

Stefan Huggenberger·Michel André·Helmut H. A. Oelschläger, 〈The nose of the sperm
　whale: overviews of functional design, structural homologies and evolution〉, Journal
　of the Marine Biological Association of the UK, 2016

✤

KBS, "〈환경 스페셜〉 '옷을 위한 지구는 없다' "내가 버린 옷의 민낯"", 2021.6.30, https://
　mylovekbs.kbs.co.kr/index.html?source=mylovekbs&sname=mylovekbs&stype=blog
　&contents_id=70000000396014

닥터프렌즈, "납가루가 단맛을 낼 수 있다는 걸 알아버린 이후 발생한 비극들 | 의학의 역사 납 중독
　편", 2023. 5. 25, https://www.youtube.com/watch?v=MwhXrhHD_ng

이현우, "매년 3000억톤씩 녹기 시작한 빙하, 저지대 '대홍수' 시작될까?", 아시아경제,
　2019.04.15, https://asiae.co.kr/article/2019041515234686340

커피소비 실태 및 관련 산업동향, 한국지능정보사회진흥원, https://www.bigdata-map.kr/
　datastory/industry/coffee

권이현, "한국은 커피공화국…검고 뜨거운 커피에 중독된 한국인", 매일경제, 2022.10.28,
　　https://www.mk.co.kr/economy/view.php?sc=50000001&year=2022&no=958509
윤상석, "핵융합은 왜 꿈의 에너지인가?", 사이언스타임즈, 2019.07.12 , https://
　　www.sciencetimes.co.kr/news/핵융합은-왜-꿈의-에너지인가/
변해정, "호우 사망 46명·실종 4명…수해복구 사망·예천 실종 집계 안 돼", 뉴시스, 2023.7.21.,
　　https://newsis.com/view/?id=NISX20230721_0002386351&cID=10301&pID=10300

Michael E. Porter·Mark R, Kramer, "Creating Shared Value", Harvard Business Review,
　　2011, https://hbr.org/2011/01/the-big-idea-creating-shared-value
Hasan Chowdhury, "ChatGPT cost a fortune to make with OpenAI's losses growing
　　to ₹540 million last year, report says", Business Insider, 2023.5.5, https://
　　www.businessinsider.com/openai-2022-losses-hit-540-million-as-chatgpt-costs-
　　soared-2023-5
Jonathan Amos, "China's Moon mission returned youngest ever lavas", BBC, 2021.10.7,
　　https://www.bbc.com/news/science-environment-58835038

⬥

BirdLife International, https://www.birdlife.org/
ITER기네스, 한국핵융합에너지연구원, https://www.kfe.re.kr/menu.es?mid=a10205020600
IUCN 2023, The IUCN Red List of Threatened Species, https://www.iucnredlist.org/
Nescafe, https://www.nescafe.com/gb/coffee-culture/travel/ethiopian-coffee/

참고문헌

지구 파괴의 역사

초판 1쇄 발행 2023년 9월 27일

지은이 김병민
펴낸이 박영미
펴낸곳 포르체

책임편집 김다예
책임마케팅 김채원
디자인 황규성

출판신고 2020년 7월 20일 제2020-000103호
전화 02-6083-0128 | 팩스 02-6008-0126
이메일 porchetogo@gmail.com
포스트 https://m.post.naver.com/porche_book
인스타그램 www.instagram.com/porche_book

ⓒ 김병민(저작권자와 맺은 특약에 따라 검인을 생략합니다.)
ISBN 979-11-92730-79-0 (03400)

여러분의 소중한 원고를 보내주세요.
porchetogo@gmail.com